经济与管理类应用型精品课程系列教材

情商实训教程

Emotional Intelligence Training Tutorial

- 主　编　熊小芬　张建明
- 副主编　徐玄玄　曾　荣

WUHAN UNIVERSITY PRESS

武汉大学出版社

经济与管理类应用型精品课程系列教材
编审委员会

前　言

情商也被称作情绪智力。在 2010 年由杨春晓老师翻译的 *Emotional Intelligence* 一书的导读中(注：*Emotional Intelligence*，汉译《情绪智力》或《情商》，美国哈佛大学著名心理学家丹尼尔·戈尔曼 1995 年著)，清华大学经济管理学院吴维库教授给出了情商的定义，他认为情商就是管理情绪的能力。这里的管理情绪，既包括管理自己的情绪，也包括管理他人的情绪。目前心理学界普遍认为，情商主要包括 5 个方面的能力，即认识自身情绪的能力、控制自己情绪的能力、激励自己的能力、认识他人情绪的能力以及处理人际关系的能力。

先天性的遗传因素对情商的影响和作用并不太明显，情商主要是通过后天的教育、培养和熏陶而逐渐形成的。情商教育是一个系统工程，与学校，家庭，社会及学生本人都有很大的关联，提高大学生的情商水平也可以从这四个方面展开，尤其是高校作为受教育的主要场所，高校教育与大学生的情商密切相关。吴维库教授通过多年教学及研究，认为成人仍然可以通过培训极大地提升情商和改善生活质量。情商教育的目的在于让学生学会做人、学会学习、学会合作，也是促进学生互动教育、自我历炼、提高素质的最好模式。健康的、积极的非智力因素得以培养，激发、维持、调节学生学习的积极性，产生主动学习、自我发展的内驱力。

我们这本《情商实训教程》，就是在这种理念下产生的。我们的大学生进校时都已成年，但多数思想并不成熟，由实行应试考试制度的中学进入主要靠自主学习为主的大学，常常会迷失方向。更有甚者，我们的学生不会思考，如果老师不布置任务，他们都不知道自己的大学生活该如何度过。本实训教程既适合大学生课下的自学、阅读及练习，也适合教师情商课程的教学。

本实训练教程共 6 章。第一章，情商基本理论；第二章，自我认识能力实训，包括对自我认识的概述及六个相关的实训项目；第三章，自我控制能力实训，包括对自我控制的概述及六个相关实训项目；第四章，自我激励能力实训，包括自我激励的相关分述及五个相关实训项目；第五章，认识他人能力实训，包括认识他人情绪的相关概述及六个相关实训项目；第六章，人际关系处理能力实训，包括人际关系的相关概述及六个相关实训项目。本教程的附录部分列出了两个国际标准情商测试项目：测试一，国际标准情商测试题——测测你是情商是多少；测试二，SCL—90 症状自评量表。通过这两个测试，学生可以对自己当前的情商指数进行测评，然后有针对性地采用前面的实验或游戏进行训练，以期提高自己的情绪商数，获得更快乐的人生。

本实训教程的框架结构、提纲与内容体系由武汉理工大学华夏学院熊小芬老师、张建明老师确定，张建明老师负责审稿。本教程熊小芬、张建明任主编，徐玄玄、曾荣任副主编。全书共六章，编写分工为：第一、二章(熊小芬、张建明)，第三章(徐玄玄、熊小芬)，第四章(徐玄玄、熊小芬)，第五章(曾荣、熊小芬)，第六章(曾荣、熊小芬)。附录(熊小芬)。

本书在编写过程中得到了武汉理工大学程艳霞、胡华夏教授的指导，参阅了大量同行专家的有关著作、教材及案例等文献，主要参考文献已列在书后。在此，一并表示衷心感谢！

目　录

第一章　｜　情商基本理论　　　　　　　　　　　　　　　　　　　　1

第一节　情绪与情绪管理　　　　　　　　　　　　　　　　　　2

　　一、情绪的概念　　　　　　　　　　　　　　　　　　　　2

　　二、情绪的状态　　　　　　　　　　　　　　　　　　　　4

　　三、情绪管理　　　　　　　　　　　　　　　　　　　　　5

第二节　情绪理论　　　　　　　　　　　　　　　　　　　　　7

　　一、情绪效应理论　　　　　　　　　　　　　　　　　　　7

　　二、情绪 ABC 理论　　　　　　　　　　　　　　　　　　9

第三节　情商的概念及其能力结构　　　　　　　　　　　　　　12

　　一、情商的概念　　　　　　　　　　　　　　　　　　　　12

　　二、情商的作用　　　　　　　　　　　　　　　　　　　　12

　　三、情商的能力结构　　　　　　　　　　　　　　　　　　14

　　四、积极地开发情商　　　　　　　　　　　　　　　　　　16

第二章　｜　自我认识能力实训　　　　　　　　　　　　　　　　　21

第一节　自我认识概况　　　　　　　　　　　　　　　　　　　22

　　一、自我认识的含义　　　　　　　　　　　　　　　　　　22

　　二、如何正确认识自我　　　　　　　　　　　　　　　　　23

第二节　自我认识实训项目　　　　　　　　　　　　　　　　　32

　　自我认识实训一　　　　　　　　　　　　　　　　　　　　32

　　自我认识实训二　　　　　　　　　　　　　　　　　　　　35

　　自我认识实训三　　　　　　　　　　　　　　　　　　　　38

　　自我认识实训四　　　　　　　　　　　　　　　　　　　　42

　　自我认识实训五　　　　　　　　　　　　　　　　　　　　45

　　自我认识实训六　　　　　　　　　　　　　　　　　　　　47

第三章　｜　自我控制能力实训　　　　　　　　　　　　　　　　　52

第一节　自我控制概况　　　　　　　　　　　　　　　　　　　53

　　一、自我控制的概念　　　　　　　　　　　　　　　　　　53

二、自我控制的方法　　　　　　　　　　　55

第二节　自我控制实训项目　　　　　　　　59

自我控制实训一　　　　　　　　　　　　60

自我控制实训二　　　　　　　　　　　　62

自我控制实训三　　　　　　　　　　　　65

自我控制实训四　　　　　　　　　　　　67

自我控制实训五　　　　　　　　　　　　68

自我控制实训六　　　　　　　　　　　　70

第四章　**自我激励能力实训**　　　　　　　　76

第一节　自我激励概况　　　　　　　　　　77

一、自我激励的含义　　　　　　　　　　77

二、自我激励的方法　　　　　　　　　　77

三、自我激励的境界　　　　　　　　　　80

四、自我激励的作用　　　　　　　　　　81

第二节　自我激励实训项目　　　　　　　　83

自我激励实训一　　　　　　　　　　　　83

自我激励实训二　　　　　　　　　　　　85

自我激励实训三　　　　　　　　　　　　87

自我激励实训四　　　　　　　　　　　　89

自我激励实训五　　　　　　　　　　　　89

第五章　**认识他人情绪能力实训**　　　　　　95

第一节　认识他人情绪概况　　　　　　　　96

一、认识他人情绪的目的　　　　　　　　96

二、如何认识他人情绪　　　　　　　　　96

三、改善他人情绪的前提　　　　　　　　99

四、巧妙地控制他人的情绪　　　　　　　100

第二节　认识他人情绪实训项目　　　　　　104

　　　　　认识他人情绪实训一　　　　　　　　　　　104

　　　　　认识他人情绪实训二　　　　　　　　　　　107

　　　　　认识他人情绪实训三　　　　　　　　　　　109

　　　　　认识他人情绪实训四　　　　　　　　　　　111

　　　　　认识他人情绪实训五　　　　　　　　　　　115

　　　　　认识他人情绪实训六　　　　　　　　　　　117

第六章　人际关系处理能力实训　　　　　　　　　120

第一节　人际关系处理概况　　　　　　　　　　　121

　　一、人际关系的含义及动机　　　　　　　　　121

　　二、人际关系的重要性及交往原则　　　　　　122

　　三、做一个在社交场合中受欢迎的人　　　　　123

第二节　人际关系处理能力实训项目　　　　　　　127

　　　　　人际关系处理能力实训一　　　　　　　　127

　　　　　人际关系处理能力实训二　　　　　　　　131

　　　　　人际关系处理能力实训三　　　　　　　　133

　　　　　人际关系处理能力实训四　　　　　　　　134

　　　　　人际关系处理能力实训五　　　　　　　　141

　　　　　人际关系处理能力实训六　　　　　　　　142

附　录　情商测试　　　　　　　　　　　　　　147

情商测试一：国际标准情商测试题——测测你的情商是多少?　147

情商测试二：SCL-90 症状自评量表　　　　　　　　155

参考文献　　　　　　　　　　　　　　　　　　163

✍ **案例导入**

聪明之人并非都是成功者

桑尼从小就不是一个聪明的孩子。他一直希望自己能考上大学，满足父母对自己的期望。因为桑尼的智商太低，尽管他十分用功，但他的各门功课还是不及格。所有认识他的人都明白，桑尼肯定考不上大学。

桑尼不得不辍学，为一个富商打理他的私人花园。桑尼一直都生活在忧郁之中，他心里很愧疚，他没有上大学，肯定让父母非常失望。但不久以后，桑尼便明白了一个道理：是啊，我确实不那么聪明，但也不是痴呆儿。我虽然不能改变智商，但总可以改变一点什么。

改变什么呢？桑尼心想：我不能自卑，要勇敢。还有，既然我天生愚钝，我为什么还要承担忧郁这种不幸呢？是的，我至少可以活得快乐点。

桑尼真的变了一个样子，做任何事情，他总能看到好的一面。

有一天，桑尼进城去办事。在市政厅后面，他看到一位市政参议员正在跟人讲话，在他面前不远处，是一片满是污泥浊水的垃圾场。这不应该是一块无用的地方，它应该是开满鲜花的花园，桑尼想。

于是他勇敢地走上前去，向参议员问道："先生，你不反对我把这个垃圾场改成花园吧？"

参议员说："你的建议当然很好，但是，你知道，市政厅可拿不出这笔钱让你做这件事情。"

"我不要钱，"桑尼说，"你只要答应由我办就可以了。"

参议员大为惊奇，他还从来没有碰到过这种事情，哪有办事不花钱的？但他还是认真听取了桑尼的想法，并答应了他的请求。

第二天，桑尼拿了几样工具，带上种子、肥料来到这块烂泥地。一位热心人给他送来了一批树苗，一位富商允许他到自己的花园剪玫瑰并插枝，一家规模很大的家具厂闻讯后，立即表示要免费承包制作公园里的长椅，但恳请桑尼让他们在椅子上发布广告。

桑尼努力地工作。不久，这块泥泞的污秽场地竟变成了一个美丽的公园。这里有绿茵茵的草坪、曲折的小径，在长椅上坐下来，人们还能听到清脆的鸟鸣。

所有的人都在说，这个年轻人办了一件了不起的大事，晚报上也刊登出桑尼站在公园草坪上的照片。这个小小的公园，像一个生动的展览橱窗，人们从中看到了桑尼在园艺方面的天赋和才干。

25年后，桑尼已经是全国知名的风景园艺家了。他虽然没有学好功课考上大学，但是，他从一件不起眼的事情中发现了自己的特长，同时获得了事业上的成功。一直到现在，桑尼渐已年迈的双亲一提起自己的儿子，仍会感到无比的骄傲。

💬 **情商感悟**：一个人，只有发现自己的不足，让自己的性格和情绪得以改善，才能在事业中不断前进，并实现自己的梦想。聪明的人并非都能成功，但成功的人必定都会有不俗的情商。

第一节　情绪与情绪管理

一、情绪的概念

在现实生活中，人们有时会感到高兴和喜悦，有时会感到悲伤和忧虑，有时会感到气愤和憎恶，有时会感到爱慕和钦佩，有时会感到孤独和恐惧等，这些都是人的情绪。情绪是极其复杂的心理现象，它有着独特的心理过程。

请大家说一说，下面这些表情各代表哪种情绪。

心理学对情绪的定义是：个体对本身需要和客观事物之间关系的短暂而强烈的反应，是一种主观感受、生理反应、认知的互动，并表达出特定的行为。

（1）情绪是本身对外界的一种自然反应。

情绪没有好坏对错，只是本身需要对客观事物的反应，而且人人都有喜怒哀乐等情绪，因此要主动接纳自己正在发生的情绪，不去批判和怀疑它。

（2）情绪是感受与认知的一种内在互动。

正面或负面情绪的出现，是自身对需求得到满足或者没有得到满足时的一种生理反应。因此任何一种情绪的背后，都对应着自身感受与主观认知的一种互动。

（3）情绪会转化为一种特定的行为。

情绪是由外而内的感受、互动，然后又由内而外的表现、行动。即，外界环境影响并产生情绪，而情绪又会通过特定的表情、语言以及动作表现出来。

情绪的产生是一种自然的反应，本身没有好坏，我们不需要谈"情绪"变色，但是不同的情绪所引发的行为则会带来不同的后果。不良的情绪会消磨人的自信，影响人的生活，尤其是长期形成的惯性思维和固定的对待事物的情绪，会影响人的一生。

作家三毛在上初中二年级的时候，数学成绩不太好，数学老师不喜欢她。每到上数学课她就紧张，总是头昏脑涨，数学成绩更是每况愈下。由于数学成绩不好，经常遭到数学老师的羞辱，所以她特别怕数学老师的眼光。后来发展到出现了心理障碍，一想到上数学课就紧张，再到后来，每天早上起床后，一想到今天有数学课，就立刻昏倒了。

三毛真的没有所谓的"数学细胞"吗？恐怕不见得。大家可能都听说过爱迪生小时候的故事：大发明家爱迪生还在上小学的时候，一次手工课上，老师要求学生们把家庭作业拿出来展示。每个孩子都拿出了像模像样的作品，只有爱迪生拿出了一把歪歪扭扭的木头小板凳。老师看了非常失望，对爱迪生说："只要你能找出比这更烂的板凳，我就不给你得零分。"

爱迪生从桌子里拿出了两个更加歪歪扭扭的木头小板凳，说："这是我开始做的两个，我想以后我能做得更好些。"

正是这个手工课差点得零分的爱迪生，用自己的一双巧手和智慧的大脑发明了无数神奇的工具，改变了人们的生活。是什么让爱迪生有如此大的进步呢？是自信心。虽然第三把小板凳仍然是废品，但是爱迪生从中看到了自己的进步，从而坚信自己将来可以做得更好。

以乐观的心态寻找身边的欢乐是学业或事业成功的助推器。美国堪萨斯州大学心理学家史耐德主持的一项实验研究能够充分说明这一问题。假定你本学期设定目标是 80 分，一周前第一次考试成绩（占总成绩 30%）发下来，你得了 60 分。你会怎么做？

每个被测试的学生的做法因心态而异。最乐观的学生决定要更加用功，并想到各种补救的方法；次乐观的学生也想到一些方法，但没有实践毅力；最悲观的学生则索性宣布放弃，一蹶不振。他最后研究发现，学生的学业成绩好坏与其心态是否乐观有密切的关系，甚至比传统认为最具预测效果的入学测验更准确（入学测验与 IQ 很有关系）。也就是说，拿智能相当的学生做比较，情感因素的影响更明显。他的解释是，乐观的学生会制定较强的目标，并知道如何努力去达成。从 EQ 的角度来看，乐观的人面对挑战或挫折时不会满腹焦虑、意志消沉，这种人在人生的旅途上较少出现沮丧、焦虑或情感不适应等问题，总是满怀希望地面对现实，因此，在人生道路上容易成功。

美国著名游泳选手麦特·毕昂迪 1988 年代表美国参加奥运会，被认为极有希望继1972 年马克·史必兹之后再次夺得七项金牌。毕昂迪在第一项 200 米自由式游泳中竟屈居第三，第二项 100 米蝶式游泳原本领先，到最后一米硬是被第二名超了过去。各报都认为两度失金将影响毕昂迪后续的发挥，没想到他在后五项竟连连夺冠。只有宾州大学心理学家马丁·沙里曼对这种转变不感意外，因为他在同一年较早的时候曾为毕昂迪做过乐观影响的实验。实验方式是在一次测试后，故意请教练告诉毕昂迪他的表现不佳（事实上很不错），接着请毕昂迪稍作休息再试一次，结果更加出色。参与同一实验的其他队友测试成绩则都不如之前。

欢乐或乐观其实都是建立在心理学家提出的自我效能感上，亦即相信自己是人生的主宰。这种心态能使你最大限度地发挥既有能力，努力培养欠缺的能力。班杜拉对自我效能感颇有研究，他认为，一个人的能力深受自信的影响，能发挥到何种程度有极大的弹性。

自我效能感强的人跌倒了能很快爬起来，遇事总是着眼于如何处理而不是一味担忧。

二、情绪的状态

情绪是多种多样的，依据其发生的强度、持续性、紧张度可分为三种状态：心境、激情和应激，它们在人的生活中都有重要意义。

1. 心境

心境是指比较微弱、持久地影响人整个精神活动的情绪状态。心境不是关于某种事物的特定体验，而是具有弥散性的特点，如高兴时看什么都高兴，俗话说，"人逢喜事精神爽"，似有"万事称心如意"之状态。烦闷不高兴时，看什么都不顺眼，如林黛玉看见落花也伤心，看见月缺也流泪。正如中国古语曰："忧者见之而忧，喜者见之而喜"，这就是心境的表现。

引起心境的原因是多种多样的。客观方面，社会生活条件的变化是影响心境的根本原因。如时令季节和气候的变化会影响心境，正如"秋风秋雨愁煞人"之体验。曾有人对气候与心境的关系做了研究，方法是让被试人在 1 个月内，对自己的心境(包括专心、焦虑、起劲、困倦、疑虑、自制、乐观)按一些量表进行评定，然后求出评定的分数，再与7 项气候指标(包括日照、时间、降雨量、气温、风向风速、湿度、当日气压及当日气压与前一日的压差)相对照。结果发现：某种气候指标与一定的心境有密切关系，如焦虑、疑虑与日照时间呈负相关，即日照越短，这种心境的发生率越多；乐观与日照成正相关，即日照时间越长，乐观的发生率越多。困倦心境与气温或湿度呈正相关，即气温较高或湿度较大，容易引起困倦。主观原因，如事业的成败、工作顺利与否、人际关系、健康状况、对自然环境的适应等，都是引起某种心境的原因。

心境有积极和消极之分，积极的心境使人精神振奋，有助于积极性的发挥和工作效率的提高；消极的心境可使人颓丧、悲观、烦倦、消沉，不利于学习和工作的顺利进行。因此，人们必须学会把握自己的心境，使自己经常处于积极良好的心境中。

2. 激情

激情是一种强烈的、短暂的、有爆发性的情绪状态，如狂喜、愤怒、惊恐、绝望等都属于这种情绪状态。在激情状态下，人的理解力、自制力降低，甚至失去自我控制能力。激情的生理特征是由于大脑皮质活动的剧烈变化、强烈兴奋或普遍抑制和调节，在皮质下活动占了优势，此时人们很难遮掩内心强烈的情绪体验，总是伴有机体状态的改变和明显的表情动作，如愤怒时全身发抖，紧握拳头；恐惧时毛骨悚然，面如土色；狂喜时手舞足蹈，欢呼跳跃等。

激情也有积极和消极之分。积极的激情与理智、坚强的意志相联系，它能激励人们攻克难关。如一个运动员参加国际比赛时，为祖国争光的激情，是他力量的源泉。消极的激情对机体的活动具有抑制作用，使人的自制力下降。如绝望时常目瞪口呆、丧失勇气，或许会引起冲动行为，做出一些不该做的事，一旦事过境迁、情绪平定后，又后悔莫及。

3. 应激

应激是在出乎意料的紧迫情况下所引起的高度紧张的情绪状态，在人们遇到突如其来的紧急事故时就会出现应激状态。如遇地震、火灾、车祸或亲人意外死亡等重大事件后都会发生两种可能的应激状态：一是目瞪口呆，手忙脚乱，陷于困境；二是急中生智，行动果断，摆脱困境。

人若长期处于应激状态，对健康是不利的。加拿大生理学家谢塞里（H. Selye）指出：应激状态的延续能击溃一个人的生物化学保护机制，使人的抵抗力降低以致被疾病所侵袭。他把应激分为以下三个动态过程：

警戒期：此时肾上腺分泌增加，心率加快，体温和肌肉弹性降低，血糖水平和胃酸度暂时性增加，严重时可导致休克。

抵抗期：此时警戒期的形态和生物化学变化多已消失，全身代谢水平提高，肝脏大量释放血糖。如此期过长或过强，而机体的"适应能力"有限，最后就会进入衰竭期。

衰竭期：此时出现肾上腺类脂质丧失、胸腺淋巴组织萎缩、胃肠溃疡病等，机体处于危急状态，严重时可导致重病或死亡。

由此可见应激对人的身心健康的影响。在生活中应尽量减少和避免不必要的应激状态，学会科学地对待应激。

三、情绪管理

情绪管理，就是用正确的方式，去探索自己的情绪，然后调整自己的情绪，理解自己的情绪，放松自己的情绪。

情绪的管理不是要去除或压制情绪，而是在觉察情绪后，调整情绪的表达方式。有心理学家认为情绪调节是个体管理和改变自己或他人情绪的过程。在这个过程中，通过一定的策略和机制，使情绪在生理活动、主观体验、表情行为等方面发生一定的变化。情绪固然有正面有负面，但真正的关键不在于情绪本身，而是情绪的表达方式。以适当的方式在适当的情境表达适当的情绪，就是健康的情绪管理之道。情绪管理就是善于掌握自我，善于调节情绪，对生活中矛盾和事件引起的反应能适可而止的排解，能以乐观的态度、幽默的情趣及时地缓解紧张的心理状态。

1. 体察自己的情绪

时时提醒自己注意：我现在的情绪是什么？例如：当你因为朋友约会迟到而对他冷言冷语时，问问自己："我为什么这么做？我现在有什么感觉？"如果你察觉你已经对朋友三番两次的迟到感到生气，你就可以对自己的生气做更好的处理。有许多人认为，"人不应该有情绪"，所以不肯承认自己有负面的情绪，要知道，人是一定会有情绪的，压抑情绪反而带来更不好的结果，学着体察自己的情绪，是情绪管理的第一步。

2. 适当表达自己的情绪

再以朋友约会迟到的例子来看，你之所以生气可能是因为他让你担心，在这种情况下，你可以婉转地告诉他："你过了约定的时间还没到，我好担心你在路上发生意外。"试着把"我好担心"的感觉传达给他，让他了解他的迟到会带给你什么感受。什么是不适当的表达呢？例如：你指责他："每次约会都迟到，你为什么都不考虑我的感受呢？"当你指责对方时，也会引起他负面的情绪，他会变成一只刺猬，忙着防御外来的攻击，没有办法站在你的立场为你着想，他的反应可能是："路上塞车嘛！有什么办法，你以为我不想准时吗？"如此一来，两人开始吵架，别提什么愉快的约会了。如何"适当表达"情绪，是一门艺术，需要用心去体会、揣摩，更重要的是，要确实用在生活中。

3. 以适宜的方式纾解情绪

纾解情绪的方法很多，有些人会痛哭一场，有些人会找三五好友诉苦一番，另外有些人会逛街、听音乐、散步或逼自己做其他的事情以免老想起不愉快，比较糟糕的方式是喝酒、飙车，甚至自杀。纾解情绪的目的在于给自己一个理清想法的机会，让自己好过一点，也让自己更有能量去面对未来。如果纾解情绪的方式只是为了暂时逃避痛苦，而后需承受更多的痛苦，那这种纾解就不是一个适宜的方式。有了不舒服的感觉，要勇敢地面对，仔细想想，为什么这么难过、生气？我可以怎么做，将来才不会再重蹈覆辙？怎么做可以降低我的不愉快？这么做会不会带来更大的伤害？从这几个角度去选择适合自己且能有效纾解情绪的方式，你就能够控制情绪，而不是让情绪来控制你！

当今社会，面对来自于生活、工作以及学习的种种压力，情绪低落已经成为一种很普遍的问题。其实情绪与压力是可能通过某种方式来控制的，适当的方法将能把问题的影响减至最低。下面介绍几种纾解情绪的方法：

（1）参加锻炼。体育锻炼能使人体产生一系列的化学变化和心理变化。较适宜的运动项目有慢跑、户外散步、跳舞、游泳、练太极拳等。

（2）走亲访友。找知心的、明白事理的亲友，向他们倾吐心里话，这样可减轻心理压力和痛苦。

（3）反省人生。当你为一件事痛苦得难以自拔，不妨对自己大喝一声：这样痛苦就能解决问题吗？生命太短促了，还有多少事情要做……豁然猛醒，也许能控制住低沉的情绪。

（4）奋发工作。一旦潜心事业，把精力集中到工作上，便能使人忘记忧伤和愁苦。

（5）往事淡忘。反思昨天，汲取教训，更好地把握今天是必要的，但过后就要丢掉和忘却。

（6）乐观幻想。有些人遭受了一点挫折，便好像戴上了厚厚的墨镜，凡事总往坏处想。克服的方法是，宁作乐观的幻想，不作消极的猜度。

（7）少有欲望。有的人心境平和，少有欲望，便自然少了那些无谓的忧愁和烦恼。

（8）改善营养。丰富的维生素 B 有助于改善情绪，富含维生素 B 的食品有全麦面包、蔬菜、鸡蛋等。

💬 知识拓展

大学生的情绪特点

对于大学生来说，再没有比情绪状态更波动的感情了。一名大学生这样形容自己的情绪："当我情绪高涨时，我就像一座喷发的火山，心花怒放，充满着豪情壮志，好像有使不完的力量和精力，我愿意将我所有的热情和智慧与我认识的所有人分享；而当我情绪低落时，我又好像是一座冰山，对什么都失去了兴趣，我会感到命运乃至周围所有的人都在和我作对，我是那样的沮丧与无奈，甚至想到过死……"

1. 大学生的情绪表现

大学生正处于青春期向青年期的过渡时期，在生理发育接近成熟的同时，心理上也经历着急剧的变化，尤其反映在情绪上。相对于中学生来讲，大学生的情绪的内容趋向于深刻和丰富，情绪的表达趋向于隐蔽，情绪的变化也逐渐趋向于稳定。具体来说，大学生情绪特点主要表现为：

(1)外向、活泼、充满激情；

(2)情绪延迟性及趋向于心境化；

(3)情感体验更加深刻、更加丰富；

(4)波动性与两极性；

(5)冲动性与爆发性；

(6)矛盾性与复杂性；

(7)内隐性与掩饰性；

(8)想象性。

2. 健康情绪的标准

情绪健康的主要标志是情绪稳定和心情愉快。具体而言，包括以下几个方面：

(1)愉快情绪多于不愉快情绪。一般表现为：乐观开朗，充满热情，富有朝气，善于自得其乐，对自己、对生活充满信心和希望。

(2)情绪稳定性好，善于控制和调节自己的情绪。既能克制、约束，又能适度宣泄，不过分压抑，使情绪的表达既符合社会的要求，也符合自身的需要，在不同的时间和场合有恰如其分的表达。

(3)情绪反应是由适当的原因引起的。也就是说，一个人的喜、怒、哀、惧等情绪，是由具体的可感知的现象、事物所引起的，而非莫名其妙的无端的反应。同时，情绪反应的性质、强度和持续时间应与引起这种情绪的情境相符合。

(4)高级的社会性情感(如理智感、道德感、美感等)得到良好的发展。

第二节　情　绪　理　论

一、情绪效应理论

所谓情绪效应，又称情感效应(Emotional Effect)，是指一个人的情绪状态可以影响到对某一个人今后的评价。尤其是在第一印象形成过程中，主体的情绪状态更具有十分重要的作用，第一次接触时主体的喜怒哀乐对与对方关系的建立或是对于对方的评价，可以产生不可思议的差异。与此同时，交往双方可以产生"情绪传染"的心理效果。主体情绪不正常，也可以引起对方不良态度的反映，就会影响良好人际关系的建立。看看下面的例子：

> 一天早晨，有一位智者看到死神向一座城市走去，于是上前问道："你要去做什么？"
>
> 死神回答说："我要到前方那个城市里去带走 100 个人。"
>
> 那个智者说："这太可怕了！"
>
> 死神说："但这就是我的工作，我必须这么做。"
>
> 这个智者告别死神，并抢在它前面跑到那座城市里，提醒所遇到的每一个人：请大家小心，死神即将来带走 100 个人。
>
> 第二天早上，他在城外又遇到了死神，带着不满的口气问道："昨天你告诉我你要从这儿带走 100 个人，可是为什么有 1000 个人死了？"
>
> 死神看了看智者，平静地回答说："我从来不超量工作，而且也确实按昨天告诉你的那样做了，只带走 100 个人。可是恐惧和焦虑带走了其他那些人。"

恐惧和焦虑可以起到和死神一样的作用，这就是情绪效应。实际上，在我们的生活中，这样的效应每天都在发生，只不过我们已经习以为常。

古代阿拉伯学者阿维森纳，曾把一胎所生的两只羊羔置于不同的外界环境中生活：一只小羊羔随羊群在草地快乐地生活；而在另一只羊羔旁拴了一只狼，它总是看到自己面前那只野兽的威胁，在极度惊恐的状态下，根本吃不下东西，不久就因恐慌而死去。

后来，医学心理学家还用狗做嫉妒情绪实验：把一只饥饿的狗关在一个铁笼子里，让笼子外面另一只狗当着它的面吃肉骨头，笼内的狗在急躁、气愤和嫉妒的负性情绪状态下，产生了神经症性的病态反应。

到了现代，美国生理学家爱尔马也做过实验，他技术性地收集采样了人们在不同情况下的"气水"，即把有悲痛、悔恨、生气和心平气和时呼出的"气水"进行技术性处理后做对比实验。结果又一次证实，生气对人体危害极大。他把心平气和时呼出的"气水"放入有关化验水中沉淀后，则无杂无色，清澈透明，悲痛时呼出的"气水"沉淀后呈白色，悔恨时呼出的"气水"沉淀后则为蛋白色，而生气时呼出的"生气水"沉淀后呈紫色。把"生气水"注射在大白鼠身上，几分钟后，大白鼠死了。由此，爱尔马分析：人生气 10 分钟会耗费大量人体精力，其程度不亚于参加一次 3000 米赛跑；生气时的生理反应十分剧烈，分泌物比任何情绪的都复杂，都更具毒性。

实验告诉我们：恐惧、焦虑、抑郁、嫉妒、敌意、冲动等负性情绪，是破坏性的情感，长期被这些心理问题困扰就会导致身心疾病的发生。

在非洲草原上，有一种不起眼的动物叫吸血蝙蝠。它身体极小，却是野马的天敌。这种蝙蝠靠吸动物的血生存，它在攻击野马时，常附在马腿上，用锋利的牙齿极敏捷地刺破野马的腿，然后用尖尖的嘴吸血。野马受到这种外来的挑战和攻击后，马上开始蹦跳、狂奔，但总是无法驱逐这种蝙蝠。蝙蝠却可以从容地吸附在野马身上，落在野马头上，直到吸饱吸足，才满意地飞去。而野马常常在暴怒、狂奔、流血中无可奈何地死去。

动物学家在分析这一问题时，一致认为吸血蝙蝠所吸的血量是微不足道的，远不会让野马死去，野马的死亡是它自己的狂奔所致。对于野马来说，蝙蝠吸血只是一种外界的挑战，是一种外因，而野马对这一外因的剧烈情绪反应，才是导致死亡的真正原因。

人也是一样，在生活中难免会遇到不顺心的事，如不能宽容待之，一时情绪激动，甚至暴跳如雷，大发脾气，会严重危害自身健康。动辄生气的人很难健康、长寿，很多人其实是"气死的"。于是人们把因芝麻小事而大动肝火，以致因别人的过失而伤害自己的现象，也称之为"野马结局"。

一个人大发脾气或生闷气时会对人体生理上产生一系列变化和反应，致使人体各部损伤，甚至危及生命。生气发怒时能伤心损肺，气愤必然心跳加急，心律失常，诱发心慌心痛；呼吸急促，气逆、胸闷、肺胀、咳嗽及哮喘。同时，生气时会出现气极忧虑，并伤脾脏；胃感饱胀不思饮食，久之影响胃肠消化功能，因此可谓伤脾伤胃；生气发怒可使肾气不畅，肾上腺大量分泌，出现面色苍白，全身无力，四肢发冷，尿道受阻或失禁，并使肝胆不和肝部疼痛，可谓伤肾损肝。

除此之外，生气还能伤脑失神。人在发怒时心理状态失常，使情绪高度紧张，神志恍惚。在这样恶劣的心理状态和强烈的不良情绪下，大脑中的"脑岛皮层"受到刺激，长久后就会改变大脑对心脏的控制，影响心肌功能，引起突发的心室纤维颤动，心律失常，甚至心搏停止而死亡。可见生气发怒可致使呼吸系统、循环系统、消化系统、内分泌系统和神经系统失调，并带来极大的损伤。

二、情绪 ABC 理论

从前，一个老太太整天发愁，闷闷不乐，什么原因呢？原来，她有两个女儿，大女儿以卖伞为生，小女儿以晒盐为生。如果是晴朗的天气，老太太就会为大女儿担心："不下雨，伞怎么卖得出去呀？"下雨时，她又为小女儿担心："下起雨来，怎么晒盐啊？"因此，她整天心情不好。有一个长者知道事情的经过后，只对老太太说了短短的几句话，老太太就化忧为乐了。你知道长者对老太太说了什么吗？长者笑着说："老太太，你真好福气呀！天晴时，你的大女儿生意很好；天阴时，你的小女儿生意兴隆。"老太太听了，顿时豁然开朗，转忧为喜。

这其中蕴含怎样的道理呢？同样一件事，从不一样的角度去想，心情就会很不一样，人生的境界也会很不一样！

美国临床心理学家艾尔波特·埃利斯已经把中国的俗语"想得开"上升到科学理论的高度，他在20世纪50年代提出情绪 ABC 理论（ABC Theory of Emotion），也称晴雨 ABC 理论。他以一句很有名的话作为 ABC 理论理念上的起点："人不是为事情困扰着，而是被对这件事的看法困扰着。"情绪 ABC 理论认为激发事件 A（Activating Event）只是引发情绪和行为后果 C（Consequence）的间接原因，而引起 C 的直接原因则是个体对激发事件 A 的认知和评价而产生的信念 B（Belief），即人的消极情绪和行为障碍结果（C），不是由于某一激发事件（A）直接引发的，而是由于经受这一事件的个体对它不正确的认知和评价所产生的错误信念（B）所直接引起。错误信念也称为非理性信念。

如图 1-1 中，A（Antecedent）指事情的前因，C（Consequence）指事情的后果，有前因必有后果，但是有同样的前因 A，产生了不一样的后果 C_1 和 C_2。这是因为从前因到结果之

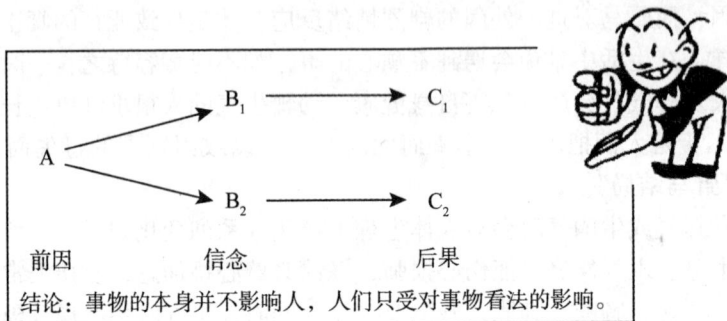

图 1-1

间，一定会通过一座桥梁 B(Bridge)，这座桥梁就是信念和我们对情境的评价与解释。又因为，同一情境之下(A)，不同的人的理念以及评价与解释不同(B_1 和 B_2)，所以会得到不同结果(C_1 和 C_2)。因此，事情发生的一切根源缘于我们的信念、评价与解释。

情绪 ABC 理论的创始者埃利斯认为：正是由于我们常有的一些不合理的信念我们才会产生情绪困扰。如果这些不合理的信念长久存在，还会引起情绪障碍。情绪 ABC 理论中，A 表示诱发性事件，B 表示个体针对此诱发性事件产生的一些信念，即对这件事的一些看法、解释。C 表示由此产生的情绪和行为的结果。

通常人们会认为诱发事件 A 直接导致了人的情绪和行为结果 C，发生了什么事就引起了什么情绪体验。然而，你有没有发现同样一件事，对不同的人，会引起不同的情绪体验。同样是报考英语六级，结果两个人都没过。一个人无所谓，而另一个人却伤心欲绝。

为什么？就是诱发事件 A 与情绪、行为结果 C 之间还有个对诱发事件 A 的看法、解释的 B 在作怪。一个人可能认为：这次考试只是试一试，考不过也没关系，下次可以再来。另一个人可能说：我精心准备了那么长时间，竟然没过，是不是我太笨了，我还有什么用啊，人家会怎么评价我。于是不同的 B 带来的 C 大相径庭。

常见的不合理信念包括下面几种：人应该得到生活中所有对自己重要的人的喜爱和赞许；有价值的人应在各方面都比别人强；任何事物都应按自己的意愿发展，否则会很糟糕；一个人应该担心随时可能发生灾祸；情绪由外界控制，自己无能为力；已经定下的事是无法改变的；一个人碰到的种种问题，总应该都有一个正确、完满的答案，如果一个人无法找到它，便是不能容忍的事；对不好的人应该给予严厉的惩罚和制裁；逃避挑战与责任可能要比正视它们容易得多；要有一个比自己强的人做后盾才行。

依据情绪 ABC 理论，分析日常生活中的一些具体情况，我们不难发现人的不合理观念常常具有以下三个特征：

一是绝对化的要求。它是指人们常常以自己的意愿为出发点，认为某事物必定发生或不发生的想法。它常常表现为将"希望"、"想要"等绝对化为"必须"、"应该"或"一定要"等。例如，"我必须成功"、"别人必须对我好"等等。这种绝对化的要求之所以不合理，是因为每一客观事物都有其自身的发展规律，不可能以个人的意志为转移。对于某个人来说，他不可能在每一件事上都获得成功，他周围的人或事物的表现及发展也不会以他的意愿来改变。因此，当某些事物的发展与其对事物的绝对化要求相悖时，他就会感到难以接受和适应，从而极易陷入情绪困扰之中。

二是过分概括化。这是一种以偏概全的不合理思维方式的表现，它常常把"有时"、"某些"过分概括化为"总是"、"所有"等。用埃利斯的话来说，这就好像凭一本书的封面来判定它的好坏一样。它具体体现在人们对自己或他人的不合理评价上，典型特征是以某一件或某几件事来评价自身或他人的整体价值。例如，有些人遭受一些失败后，就会认为自己"一无是处、毫无价值"，这种片面的自我否定往往导致自卑自弃、自罪自责等不良情绪。而这种评价一旦指向他人，就会一味地指责别人，产生怨恨、敌意等消极情绪。我们应该认识到，"金无足赤，人无完人"，每个人都有犯错误的可能性。

三是糟糕至极。这种观念认为如果一件不好的事情发生，那将是非常可怕和糟糕的。例如，"我没考上大学，一切都完了"，"我没当上处长，不会有前途了"。这种想法是非理性的，因为对任何一件事情来说，都会有比之更坏的情况发生，所以没有一件事情可被定义为糟糕至极。但如果一个人坚持这种"糟糕"观时，那么当他遇到他所谓的百分之百糟糕的事时，他就会陷入不良的情绪体验之中，而一蹶不振。

因此，在日常生活和工作中，当遭遇各种失败和挫折，要想避免情绪失调，就应多检查一下自己的大脑，看是否存在一些"绝对化要求"、"过分概括化"和"糟糕至极"等不合理想法，如有，就要有意识地用合理观念取而代之。当你情绪不好的时候，不妨问问自己，为什么这么不开心，是不是自己把有些事情想得太严重了，或是会错了意。换个想法，就能换个心情！

小·诗歌

假如生活欺骗了你
（俄）普希金

假如生活欺骗了你，
不要悲伤，不要心急。
忧郁的日子里需要镇静。
相信吧，快乐的日子将会来临。

心儿永远向往着未来；
现在却常是忧郁。
一切都是瞬息，
一切都将会过去；
而那过去了的，
就会成为亲切的怀恋！

第三节 情商的概念及其能力结构

一、情商的概念

情商(Emotional Quotient，EQ)，又称情绪智力(Emotional Intelligence，EI)，是指自我管理情绪的能力，包括一个人感受、理解、控制、运用和表达自己及他人情感情绪的能力。情绪智力的概念首次由耶鲁大学的心理学家彼得·萨洛维博士和新罕布什尔大学的约翰·梅耶博士在 1991 年提出，而后 1995 年 10 月，美国《纽约时报》专栏作家丹尼尔·戈尔曼出版了 *Emotional Intelligence*(中文译为《情绪智力》或《情商》，丹尼尔·戈尔曼本人更倾向于前一种译法)一书，把情商这一研究新成果介绍给大众，该书迅速成为世界性的畅销书，而情商这一概念也开始在不同领域广泛传播。

与情商对应的是智商。智商(Intelligence Quotient，IQ)是测量智力水平常用的方法，智商的高低反映着智力水平的高低，它主要反映人的认知能力、思维能力、语言能力、观察能力、计算能力等，也就是说，它主要表现人的理性的能力。和智商一样，情商也是一个抽象的概念，是度量情绪控制能力的指标，具体包括情绪的自控性、人际关系的处理能力、挫折的承受力、自我的了解程度，以及对他人的理解与宽容等。

情商主要反映一个人感受、理解、运用、表达、控制和调节自己情感的能力，以及处理自己与他人之间的情感关系的能力，也就是个体把握与处理情感问题的能力。情感常常走在理智的前面，它是非理性的。智商和情商反映着两种性质不同的心理品质。

虽然情商概念产生于对智商学说的反思，但是，情商并不是智商的反义词，相反，两者无论在概念上还是在现实中都是相辅相成的。杜克大学的巴勃教授说过："如果一个人在智力和社会情感两方面都很出色，那么他想不成功都很困难。"我们强调情商的重要性，并不是说可以忽略智商。智商一直是衡量一个人的逻辑推理和理解力、计算的速度和准确性、记忆力、视觉和空间意识能力的重要标准，情商和智商并不是相互竞争的两种品质，而常常是相互补充的。很多情况下，一个智商高的人情商也高(同样，智商低的人很多时候情商也低)。

二、情商的作用

习惯上，我们认为智商高的人在生活中必然会取得大的成就。但是，最近一些研究人员提出，预测某人人生的成就时，他的情商也许比智商更重要。美国一位心理学家曾对数百名大学生做过长期跟踪研究，在他们步入社会后，对他们的收入、工作能力、在本行业中的地位进行了比较，发现在学校考试成绩最高的学生，在社会上的成就不一定最高，此外，其对生活、人际关系、家庭、感情的满意程度也很一般。那些成功者的共同特点不是高智商，而是具有很强的自我激励、情绪控制和人际交往能力，即情商高。成就最大的人自信、谨慎，有坚持性和胜过别人的愿望及坚强的意志。

智商和情商的作用是不同的。智商的作用主要在于更好地认识事物。智商高的人，学习能力强，认识深度深，容易在某个专业领域做出杰出成就，成为某个领域的专家。情商主要与非理性因素有关，它是对自我和他人情感的把握和调节的一种能力，因此，和人际关系的处理有较大关系。情商低的人人际关系紧张，婚姻容易破裂，领导水平不高。而情商比较高的人，通常有较健康的情绪，有良好的人际关系，容易成为某个部门的领导人，具有较高的领导管理能力。

广为接受的观念是一个人的成功遵循 20/80 法则，即 20% 取决于智商，80% 由其他因素决定，这些因素包括出身、环境、机遇、情商等，其中最重要的是情商。情商对于个人的人生成功、职场顺利和家庭幸福都是至关重要的。

1. 情商可以决定其他方面能力的发挥

情商的高低，可以决定一个人的其他能力，包括智力能否发挥到极致，从而决定他有多大的成就。情商比智商更重要，如果说智商更多地被用来预测一个人的学业成绩的话，那么，情商则能被用于预测一个人能否取得事业上的成功。优异的学业成绩，并不意味着你在生活和事业中就能获得成功。

商情高的人能将自己有限的天赋发挥到极致，美国总统罗斯福就是一个典型的例子。奥利弗·万德尔·劳尔姆斯认为罗斯福"智力一般，但极具人格魅力"。罗斯福之所以能当上美国总统，带领美国走出经济萧条，在第二次世界大战中成为真正的赢家，与他积极乐观的性格有着极大的关系。

罗斯福其貌不扬，在智力上也没有过人之处，因此他小时候是个怯懦的孩子。当他在课堂上被叫起来背诵时，总是一副大难临头的样子，呼吸急促，嘴唇颤抖，声音含糊不清，听到老师让他坐下，简直如获大赦一般。通常，像他这种先天禀赋较差的孩子大多是敏感多疑、落落寡合的。但罗斯福却不甘做一个生活失败者，他没有因为同学的嘲笑而失去勇气，当他在公众面前双唇发抖时，他总是暗中激励自己，咬紧牙关，尽力克服这一毛病。

罗斯福无疑是一个了解自己、敢于面对现实的人，他坦然承认自己的种种缺陷，承认自己不勇敢、不好看、也不比别人聪明，但他并不因此而消沉、自卑，凡是他意识到的缺点他都尽力克服，他用行动证明先天的缺陷并不能阻碍他走向成功。他深知作为一个总统，在公众心目中的形象有多么重要，他学会了在说话时改变口型来修饰自己的龅牙。他是一个真正的公关高手，他懂得如何引导公众舆论的走向，他当上总统后立刻加入了新闻俱乐部，以此拉近与新闻记者的距离。他对每一个采访他的记者都一视同仁、以诚相待，他和新闻界建立起一种合作互助的关系，记者们不断从他那里得到真实、权威的消息，他则借助媒体将他的决策、政见传达给公众，有效地控制了舆论走向。维护总统的形象，似乎成了记者们的义务，罗斯福在国内政敌如云，经常遭到来自各方的猛烈抨击，但是他因小儿麻痹症导致的残疾形象几乎从未见报，就连最乐于捕捉花边新闻的记者也从未将他在轮椅上被人抬来抬去的镜头拍下来，他在公众心目中始终保持着高大、坚强、富于人情味的形象。

2. 情商可以使人成为更好的领导者

丹尼尔·戈尔曼在 1998 年出版的《情商实务》里提到，相对于智商，情商往往是一种

"鉴别性"的竞争力，它能很好地预测在一群非常聪明的人当中，谁最有领导能力。看看全球各家机构列出的明星领导人竞争力的单项决定因素，你会发现职位越高，智商和技术能力指标的重要性就越低。当然，对于低端工作，智商和专业技术的指标性会更加明显。在最高层次，领导力的竞争力模式通常包含以情商为基础的各项能力，贡献率为80—100%不等。一家全球执行力研究公司的研究报告指出，"首席执行官受聘是因为智力和商业才能，解聘是因为缺乏情商"。

3. 情商是人际关系得以改善的重要手段

情商有助于改善人际关系，包括上下级之间、同事之间、商家厂家与客户之间、师生之间、同学之间、家庭的各成员之间的关系。巧妙地运用情商，将有助于增进与别人的交流，用情绪情感来说服他人，安慰他人，激励他人，通过情绪情感把获得的人际关系效应转化为经济效益。

完成生活中的每件事，都离不开协商、沟通、影响等社交能力，那些高情商者总是游刃有余地影响着自己的上级、下级、朋友、同事等他想影响的人，从而成就了自己，同时能很好地建议和维护自己的人际关系，建立自己强大而宝贵的人脉网络。

4. 情商能促进管理获得更大的成功

情商在管理中是非常重要的手段和方法，也是一种艺术，特别是对人力资源的管理。有一句流行语说"智商使人得以录用，情商则决定人能否晋升"。

对人的管理与对物的管理是根本不同的。人有生物属性，更有社会属性，人是有感情的高级动物。有不少管理者，往往用对物的管理的思维、方法和手段来管人，结果容易出事，甚至出大事。对人的管理，更多地要刚柔相济，以柔为主；要把对人的管理、制度管理和无为而治结合起来，无限趋近于无为而治的管理。

5. 情商高的人会激励自己也会激励他人

在遭遇挫折、陷入低潮的时候，高情商的人会提醒自己要面对，要站起来，未来还大有可为，可能会变得更好。因为自己有这个优点、那个长处，因为自己做成过某件事、克服过某项困难，所以一定做得到。情商高的人通常积极向上。

情商高的人也会激励他人。他会赞美周围的人，他会肯定他的家人、同事、朋友、同学，别人跟他在一起常常会有一种重要感。情商高的人常常面带笑容，充满热情。

三、情商的能力结构

情商高低可以通过一系列的能力表现出来。戈尔曼在他的书中明确指出，情商不同于智商，它不是天生注定的，而是由下列5种可以学习的能力组成，见图1-2：

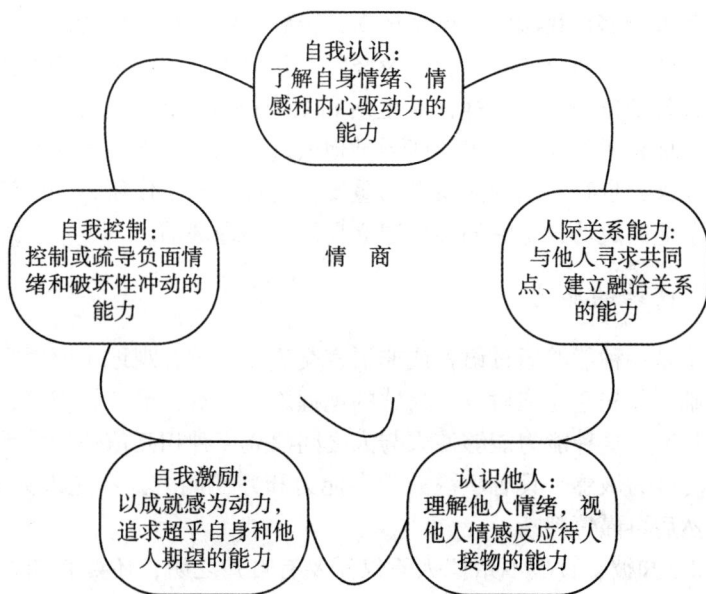

图 1-2

1. 认识自身情绪的能力

这是一种在一种情绪刚露头时就辨识出来的能力，它是情商的基础。认识自身情绪的核心是对自己的情绪、个性、风格的一种较为深刻的自我认识。自识者智，自知者明，即个人不论在什么情况下，应该能够冷静地对自己的性情、脾气、情绪、心理状态有较为实际、客观、适中的评价和反思，并在一种较为自然的情况下以自嘲式的幽默感表现出来。

2. 控制自己情绪的能力

这是一种控制或疏导负面情绪和破坏性冲动的能力，它的核心是在工作、学习、生活的高压下，个人情绪突然爆发时，能够很快地镇静下来，迅速调整心态，及早恢复正常状态，把握住自己。这种能力要求当事人能够运用知觉和敏感、心理暗示等方法迅速体会到心态和情绪的失误，在较短的时间内抗拒冲动，停止欠缺考虑的反应行为。善于控制自己情绪的人能迅速摆脱焦虑、沮丧和破坏性冲动，从生命的低谷中走出来。每个人都有情绪失控的时候，但失控的程度和持续时间主要取决于你的情绪自控能力。

现代社会，急躁似乎同快节奏的现代生活相联系，其实这完全是两回事。急躁使人心绪不宁，头脑容易发热，情绪控制不住，其结果经常把本来十分简单易办的事情人为地变得复杂和难以处理。事业常毁于急躁，西方哲言中说"上帝要想谁灭亡，必然使他先疯狂"，所以，要加强对情绪的控制。控制情绪的能力，是情商的核心。

3. 激励自己的能力

自我激励是指个体具有不需要外界奖励和惩罚作为激励手段，就能为设定的目标自我努力工作的一种心理特征。这种能力是情商的一个重要组成部分。中国女排之所以长盛不衰，正是因为多年来能够自我激励，严格要求，苦练勤练。对工作持续的热情源于一种内在的、超越物质、金钱、地位的动机，以及坚定不移追求理想和目标的价值取向。这类人往往具有很强的成就动机和奉献精神，对生活和工作持有积极的态度，跌倒了，爬起来，永不言败。因此，优秀的领导者不仅要能激励他人进取，还要善于自我激励。在中国竞争环境极为激烈的今天，自我激励的品质尤为重要。它可以把工作压力和生活压力转化成工作生活动力，为事业的成功、生活的美好建立良好的心理基础。

4. 认识他人情绪的能力

认识他人情绪是一种能够通过语言或非语言交流，比较客观地了解对方内在情感的一种能力。它的基础，首先建立在对自己情感的把握之上。对自己了解越多，对别人的内心处境也就了解得越准，这种能力能够使人与人之间建立一种相互信任的关系。有这种能力的人对别人的感受极为敏感，具有敏锐的观察能力和判断能力，不先入为主，善于观察，长于倾听思考，然后再谨慎判断。

兵法云："知己知彼，百战不殆!"人不仅需要有自知之明，还要有知人之明。从某种意义上说，人的一生就是与他人合作或对抗的一生，只有洞悉他人的情绪，才能更好地沟通，产生情感共鸣，或对其施加影响，实现自己的愿望。

5. 处理人际关系的能力

人际关系能力是情商的最后一种能力，它是一种能够迅速建立人与人之间友谊、友情、信任关系的能力。在企业经营中，大家公认最重要的能力就是沟通。善于沟通，精于交流，很容易在企业经营中建立广泛的关系网络和社会关系。在今天激烈的竞争环境中，这种交流公关能力具有极为重要的社会价值，对企业国际化、企业的创新与变革、以及建立一种新型的企业文化也都很有帮助。

可以把这五种能力简单归纳为：自我认识、自我控制、自我激励、认识他人(同理心)、人际关系。心理学家认为，这些情绪特征是生活的动力，可以让智商发挥更大的效应。所以，情商是影响个人健康、情感、人生成功及人际关系的重要因素。

四、积极地开发情商

情商是一种表达和调节情感的艺术。它为人们开辟了一条事业成功的新途径，它使人们摆脱了过去只讲智商所造成的无可奈何的宿命论态度。因为智商的后天可塑性是极小的，而情商的后天可塑性是很高的，个人完全可以通过自身的努力成为一个情商高手，从而到达成功的彼岸。

乔布斯曾经是美国硅谷的天才，一度让苹果公司登上巅峰，但众所周知，他从来不控制自己的情绪，下属会被他说得一无是处，即使是投资人，也会被他批得体无完肤，这个时候显示出与他与高智商截然相反的低情商。当苹果电脑销售陷入困境的时期，苹果董事会希望乔布斯放弃他的团队，而专注于新产品的开发时，他闯进办公室，直接告诉首席执行官斯卡利："你应该离开苹果，而不是我!"而后不到一年，他就被赶出了自己创立的苹果。这一年是 1985 年，他刚刚 30 岁。被迫离开后，乔布斯认识到自己"最擅长的事情就是召集一组天才般的人，和他们一起设计产品"。乔布斯也这样做了，他首先创办了 NeXT 公司，而后又买下了一个电脑动画制作组，将其办成了著名的皮克斯动画制作公司。在乔布斯被迫辞职的十年后的 1996 年，苹果公司以 3.775 亿美元现金加 150 万股苹果公司股票的价格买下了 NeXT 公司，1997 年乔布斯重新担任苹果 CEO 至他离世。他在 2005 年斯坦福大学毕业典礼上作的演讲中提到："被苹果公司解雇，是我人生中一件不可多得的好事，作为成功者的沉重负担，被再次变成创业者的轻松感所取代，对任何事都不再特别看重，这让我感觉自由，并促使我进入一生中最具创造力的时代。"1997 年他再次回到苹果时，很多人都觉得他已经不再像当年那样怒形于色，为了挽救苹果，他还出人意料地宣布，与昔日的"敌人"微软合作。对这一点，他的解释可谓轻描淡写："为了苹果，我们可以放弃一些东西。"曾经的挫折，让乔布斯不再是一个情绪随时失控的人，当年解雇乔布斯的首席执行官斯卡利则回忆说："当时驱逐乔布斯，或许并非明智之举。"这次回来，不仅他对品质的追求还是一如既往，而且他更有智慧了。重返苹果公司的乔布斯，不仅让苹果创造了奇迹，也让他自己成为一个传奇，从这个天才身上，我们可以看到，情商虽然是天生的，但是，是可以改变的。

对个人来说，积极地开发自己的情商要做到以下两点：

一是健全自己的认知能力。首先，要健全自我认知能力。对自己的性格、气质、兴趣等心理倾向以及自己在集体中的位置与作用，自己与周围人相处的关系要有一个客观、正确的认识，即健康的自我意识。其次，要正确认识他人和社会，学会与他人融洽相处，培养与他人的协作精神。另外，在认识过程中追求乐观、自信、热情、冷静、勇敢等积极情绪，并根据社会变化，不断调适自己的需要、动机、理想，积极主动地适应社会。

二是强化自我调控能力。首先，要对不良情绪进行调控。当意识到自己出现愤怒、悲伤、忧愁、恐惧等不良情绪时，要立即进行调适，摆脱不良情绪，保持一个健康、稳定、平和的心态。其次，在进行某项活动时要善于调动自信、乐观、热情等情绪因子来激发自己的动机。这些情绪的产生和消失直接影响着人的行为方式。因此，要有意强化这些情绪因子，用活动目标、结果和自身内在需要的满足来激励自己。最后，要坚定自己的意志。当实现目标过程中遇到困难和挫折时，要控制自己的不良情绪，用坚强的意志、乐观的情绪来实现目标。

在现代社会，人们要承受来自家庭、学业、社交等各方面的压力，而要想在如此巨大的压力下游刃有余，则比较困难。那么如何才能解决这些问题呢？其实关键便是，提升你的情商。不然，你就只能等着被压力拖垮，一天天委靡下去。高情商者总是会利用身边的一切去鼓励他人，赞美他人，从而令自己得到和谐的人际关系。胸怀坦荡，知足常乐，用情商来修炼我们的人格魅力，去感染身边的每一个人。

目前，世界上已经有很多国家把情商教育纳入教学过程中，近十多年，世界各国教育者们发起了社交与情绪学习(SEL)项目(见图 1-3)，目前该学习项目已经覆盖了全世界几万所学校。在欧美等发达国家，截至 2011 年，该项目已有接近 16 年左右的教育领域的实践。该项目由美国非营利组织 CASEL 发起，旨在推行将 SEL 作为从幼儿园到高中教育的必修课程。截至 2005 年，SEL 项目已覆盖全球数万所学校：英国、美国、澳大利亚、新西兰、新加坡、马来西亚、中国香港、日本、韩国以及拉美、非洲的一些国家(或地区)。

图 1-3 SEL 计划

在一些国家和地区,社交与情绪能力学习已成为一把无所不包的"保护伞",囊括了性格教育、预防暴力、预防毒品、反校园暴力及加强学校纪律等项目内容(即:增加少年儿童的合作性)。社交与情绪学习(SEL)计划的目的不仅是在学生中消除这些问题,还要净化校园环境,最终提高学生的学习成绩。这一结论是由 CASEL 的研究人员对一项大型 SEL 计划进行全面评估、综合分析之后得出的,该项研究对象样本为 668 人,涉及学前儿童、小学生、初中生、高中生。

此项研究的发起人罗杰·魏斯伯格(Roger Weissberg)同时也是 CASEL 机构的负责人。

该研究发现,学生成就测验分数和平均学分绩点表明,SEL 项目对他们的学习成绩起到了很大的促进作用。在参与 SEL 计划的学校,50%的学生成绩得到提高,38%的学生平均学分绩点有所提高。学生不良行为平均减少 28%,终止学业的学生平均减少 44%,其他违纪行为平均减少 27%。与此同时,学生出勤率有所提高,63%的学生明显表现出更积极的行为。

对大学生或成人而言,情商的培养同样重要。清华大学经济管理学院吴维库教授经过多年对情商的研究及教学指出,成人可以通过培训极大地提升情商和改善生活质量。他在清华大学经济管理学院进行 MBA 的情商与领导力教学时,每个班级开课之前都用情商量表测试学生的情商现状,在课程结束后再用同一个量表测试,发现培训后学生的情商确实提高了。

良好的情商能给大学生带来健康的身心、和谐的人际关系,能使大学生正确认识自我,适应社会竞争,也是大学生有效生活、学习和工作的保障。因此情商无论是对大学生的学习，还是未来的工作与生活，都有着重大的意义。

　　对大学生而言，一是要养成良好的生活和学习习惯。人对情绪反映会养成一定规则，良好的生活和学习习惯会使人的情绪稳定，形成正确的情绪习惯。二是要学会了解和控制自己的情绪。通过自身的反省和调整，化解一些不良情绪，激励自己朝着一定的目标努力。三是要关注自身的知识、能力与修养。要主动学习文学、历史、美学等知识，阅读优秀读物，主动培养自身的独立思维能力、实际动手能力和创造能力。四是注重课堂之外对情商的培养。通过参加各类报告会、交流会、联谊会及文化艺术、音乐、体育等活动，通过到基层调查访问等方式，把自身融化在日常生活中或实践课堂中去学习和磨炼，以吸取营养，对提高情商也是很有益处的。

📑 知识拓展

高情商的十一种表现

　　第一，不抱怨不批评。

　　高情商的人一般不批评别人，不指责别人，不抱怨，不埋怨。其实，这些抱怨和指责都是不良情绪，它们会传染。高情商的人只会做有意义的事情，而不做没有意义的事情。

　　第二，热情和激情。

　　高情商的人对生活工作或是感情保持热情，有激情。知道调动自己的积极情绪，让好的情绪伴随每天的生活工作，不让那些不良的情绪影响到生活或工作。

　　第三，包容和宽容。

　　高情商的人宽容，心胸宽广，心有多大，眼界有多大，你的舞台就有多大。高情商的人不斤斤计较，有一颗包容和宽容的心。

　　第四，沟通与交流。

　　高情商的人善于沟通，善于交流，并且以坦诚的心态来对待，真诚又有礼貌。沟通与交流是一种技巧，需要学习，在实践中不断地总结摸索。

　　第五，多赞美别人。

　　高情商的人善于赞美别人，这种赞美是发自内心的真诚的。看到别人优点的人，才会进步得更快，总是挑拣别人缺点的人会故步自封，反而退步。

　　第六，保持好心情。

　　高情商的人每天保持好的心情，每天早上起来，送给自己一个微笑，并且鼓励自己，告诉自己自己是最棒的，告诉自己自己是最好的，并且周围的朋友们都很喜欢自己。

　　第七，聆听的好习惯。

　　高情商的人善于聆听，聆听别人的说话，仔细听别人说什么，多听多看，而不是自己口若悬河。聆听是尊重他人的表现，聆听是更好沟通的前提，聆听是人与人之间最好的一种沟通。

　　第八，有责任心。

　　高情商的人敢做敢承担，不推卸责任，遇到问题，分析问题，解决问题。正视自己的优点或是不足，敢于担当。

第九，每天进步一点点。

高情商的人每天进步一点点，说到做到，从现在起，就开始行动。不是光说不做，行动力是成功的保证。每天进步一点点，朋友们也更加愿意帮助这样的人。

第十，记住别人的名字。

高情商的人善于记住别人的名字，用心去做，就能记住。记住了别人的名字，别人也会更加愿意亲近你，和你做朋友，你会有越来越多的朋友，有好的朋友圈子。

第十一，好东西善于分享。

高情商的人会将好东西分享给朋友，独乐不如众乐。分享是件奇怪的东西，绝不因为你分给了别人而减少。有时你分给别人的越多，自己得到的也越多！

第二章
自我认识能力实训

案例导入

杰克的成功

当时的杰克还只是一个汽车修理工，但他的智商并不低，甚至可以说很高。他以前在学校的学习成绩一直名列前茅，可是他如今的处境却跟他当初的成绩唱着反调。

杰克当然对自己的现状不满意，和他的朋友相比，他的境遇简直糟透了：他的两位以前的邻居，已经搬到高级住宅区去了；两位以前的同学，也都有着令人羡慕的好工作。

他扪心自问，和这四个人比，除了工作比他们差以外，自己似乎没有什么地方不如他们。论聪明才智，他们实在不比自己强，而且他们当时在学校的成绩根本远不及他。于是他再也待不住了，他需要摆脱这种境遇。一次，他在报纸上看到一则招聘广告，休斯敦一家飞机制造公司正向全国广纳贤才。他决定前去一试，希望自己的命运可以就此改变。

在面试的前一天晚上，杰克对自己的人生进行了思考，他想了很多，多年的生活历历在目，一种莫名的惆怅涌上心头：我并不是一个低智商的人，为什么我老是这么没有出息？

他又想起了自己的四位朋友，他当然知道自己并不比他们差，可是他现在之所以如此不堪，肯定是有原因的。他一定比他们缺点什么，他开始冷静地分析自己：很多时候自己不能控制情绪，比如爱冲动，遇事从不冷静，甚至有些自卑，不能与更多的人交往……而这些似乎才是他没有成功的问题所在。

整个晚上他就坐在房间里检讨，他发现自己从懂事以来，就是一个缺乏自信、妄自菲薄、不思进取、得过且过的人。他总认为自己无法成功，却从不想办法改变性格上的缺陷。同时他发现，自己一直在自贬身价，从过去所做的每一件事中可以看出，自己几乎成了失落、忧虑而又无奈的代名词。杰克痛定思痛，做出一个令自己都很吃惊的决定：自今往后，决不允许自己再有不如别人的想法，一定要控制自己的情绪，全面改善自己的性格，塑造一个全新的自我。

对杰克来说，这个晚上无疑是命运的转折，第二天早上，杰克一身轻松，像换了一个人似的，怀着新增的自信前去面试，结果不用说，他当然被顺利录用了。杰克心里很清楚，他之所以能得到这份工作，就是因为自己的醒悟，因为对自己有了一份坚定的自信。

两年后，杰克在所属的组织和行业内建立起了名声，人人都知道，他是一个乐观、机智、主动、关心别人的人。在公司里，他一再升迁，成为公司中的人物。即使在经济不景气时期，他仍是同行中少数可以做到生意的人。

几年后，公司重组，杰克获得了可观的股份，他的人生正式步入成功的旅程。

聪明的杰克最后还是成功了。可是你要知道，在杰克并不成功的那段岁月里，他的聪明才智也同样存在。这说明，如果仅仅只依靠自己高于常人的智商，成功依然只是一个未知数。开动脑筋，寻找办法，但这并不是说，所有的成功都会来自你的智慧，更重要的是，你要将自己的智慧发挥出来，这需要你发现自己性格当中的不足和缺陷。只有当你将自己的缺陷和不足弥补起来，调整和完善好自己的情绪之后，你的智慧才能得到充分的发挥，你才可能离成功越来越近。

聪明人不一定是成功者，可是聪明人可以通过调整自我为自己开辟一条通往成功的道路。而这个开辟的过程就是调整自我的过程，也就是一个人的情商在起作用的过程。还要相信的一点是：你的智商也许无法改变，但是情商绝对还有提升的空间，它是伴随着你的成长而成长的，你完全有时间和可能让它变得强大起来！

第一节　自我认识概况

一、自我认识的含义

自我认识，是指能够认识自身的情绪，能够觉知某种情绪的出现，观察和审视自己的内心体验，监视情绪时时刻刻的变化，即当自己某种情绪刚一出现时便能够察觉，它是情绪智力的核心能力。一个人所具备的、能够监控自己的情绪以及对经常变化的情绪状态的直觉，是自我理解和心理领悟力的基础。如果一个人不具有这种对情绪的自我觉察能力，或者说不认识自己的真实的情绪感受的话，就容易听凭自己的情绪任意摆布，以至于做出许多甚至是遗憾的事情来。

丹尼尔·戈尔曼将这种自我认识定义为"了解一个人的内在状态、喜好、资源和直觉"，这个定义超越了对一个人当下情绪体验的深入了解，扩展到一个"自我"的更大范围，比如明白我们的优势和局限，并且能接近我们内在的智慧。

丹尼尔·戈尔曼认为，在自我认识的范畴下有三种情绪能力(见图2-1)：

(1)情绪的觉知：认识个人的情绪及其影响。

(2)准确的自我评定：了解个人的优势和局限。

(3)自信心：一种对个人自我价值和能力的强烈的感知。

其中情绪的觉知主要是在生理层面运作，而准确的自我评定主要是在意义层面发生作用，情绪的觉知指的是我能准确无误地觉知出身体中出现的情绪，知道这些情绪来自哪里，以及它们会如何影响我的行为。相反，准确的自我评定，超越了我感受到的那些情绪，并从人的角度将这些感受到的知识内化到对自己的了解中，这通常会涉及以下这些问题："我的优势和劣势是什么？我的资源和局限是什么？对我来说什么是重要的？"准确的自我评估是建立在情绪觉知基础之上的。

自信是一种强大的能力。持续恒久的自信需要深刻的自我觉知和不加掩饰的自我诚实，就是对自己不要隐瞒任何事情，它来源于准确的自我评定。如果能够准确地评估自己，我们就能够清晰而客观地看到我们最大的优点和最大的缺点。我们要对自己保持诚实，不管是最神圣的愿望还是最黑暗的欲望。我们要了解生活中最高优先级的事情，什么对我们是重要的，什么对我们来说是不重要的、可以放手的。最终，我们会达到一种完全接受自我的舒适状态。我们对自己没有不能说的秘密，没有什么事情是不能处理的。这是自信的基础。

强大的情绪觉知会引起更准确的自我评估，这又反过来导向更高的自信。

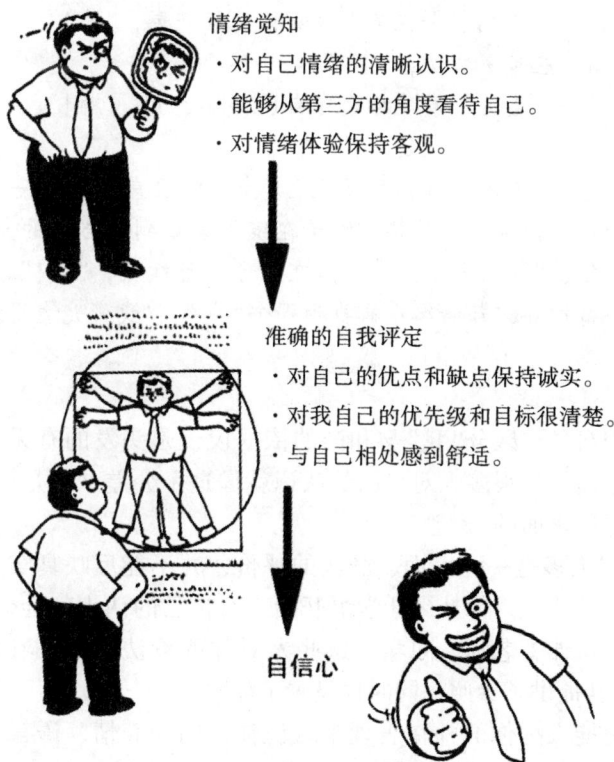

情绪觉知
·对自己情绪的清晰认识。
·能够从第三方的角度看待自己。
·对情绪体验保持客观。

准确的自我评定
·对自己的优点和缺点保持诚实。
·对我自己的优先级和目标很清楚。
·与自己相处感到舒适。

自信心

图 2-1

二、如何正确认识自我

1. 正确对待外部"标签"

在古希腊帕尔纳索斯山神庙的一块石碑上刻着这样一句话："你要认识你自己。"这富有哲理性的深刻警示是人类的宝贵精神财富。"认识自己"是一句至理名言，也是一个很好的忠告。每个人都多多少少曾经问过自己：我是一个什么样的人？我有什么爱好特长？我能成为一个什么样的人？……这是人生的问题，也是生活的智慧。而问题的答案需要靠自我的了解来完成，唯有了解自我、控制自我的人，才能够走向成功。

认识自己，是古希腊先哲给世人的忠告，也是一个人安身立命的根本。然而，正确地认识自己并不是一件容易的事。清初文学家石成金讲过这么一个笑话：

有个押解犯人的公差，押了一个犯了罪的和尚去充军。公差知道自己记性不好，为了防止路上遗漏什么，动身前他把所有的人和物品都检查了一遍，还编了个口诀，叫做"包裹、雨伞、枷；公文、和尚、我"。一路上，嘴里常常这么念叨着。

和尚知道他很糊涂，就在旅店里把他灌醉，给他剃了一个光头，把枷锁戴在他的脖子上，然后逃走了。第二天早上，公差醒来后第一件事就是检查有没有少什么。

"包裹，"他喊。看到包裹在桌上放着，就应一声，"有！"

"雨伞，"雨伞在包裹旁边，"有！"

"枷，"他找了一会儿，发现枷锁在自己的脖子上，"有！"

"公文，"摸摸身上，公文还在，"有！"

"和尚，"他四处看看，和尚竟不在，"糟了！"公差急出了一身冷汗，把犯人丢了可不是闹着玩的。他满屋子乱转，终于在镜子里看到了自己的光头，又用手摸了摸，这才松了一口气，"谢天谢地，和尚也在！"于是继续喊，"我！"

他又是一番搜寻，却始终没有找到那个"我"。"我哪儿去了？"公差摸着自己的光头，陷入了迷惑之中。

这个公差认识自己、区分"我"与和尚的依据仅仅是头发的有无，如此表面地判断事物，不迷失自己才怪呢！很多人对自己的认识就像这个公差，不是通过审视自己的内心，而是习惯于依据那些表面的"标签"。

外部的"标签"大多是一种表面、肤浅的评价，并不能反映真实的自己，却极大地影响了一个人对自己的认识。你从牙牙学语开始，对自己的认识就会受到外部环境的干扰。长辈、兄弟姐妹、伙伴、老师、同学，这些人对你的看法就像贴在你身上的一个个"标签"，为你认识自己提供了参照，同时也设置了障碍。

通常，他人只能根据你的外在表现来认识你，例如表情、语言、动作等。从理论上说，一个人的外在举止和内心活动是相应的，但是实际情况并非这么简单。人的心理十分复杂，比如说，人们通常认为骄傲的人比较自信，谦虚的人比较自卑，但有时候情况正相反，有的人会用狂妄自大来掩饰自己的自卑，也有人由于自信而变得随和、谦虚。

此外，他人对你的认识还受诸多因素的干扰，如个人好恶、成见、流行的价值观等，不一定准确。同样的事物，不同的人会贴上不同的"标签"。比如一个好动的孩子，有人说他活泼可爱，也有人说他调皮捣蛋。爱因斯坦小时候曾被老师认为是个低能儿，爱迪生童年时也得到过同样的"标签"，但是放眼历史，在智慧和创造力上超过这两位的实在为数不多。那个以纸上谈兵贻笑后世的赵括，谈起打仗来头头是道，被赵国人当作军事家隆重推出。然而，后来的事实证明，他只是一个熟读兵法而没有实际经验的年轻人，他和那个军事家的"标签"是完全不相符的。来自外界的"标签"可以作为我们认识自己的参照，但不能作为唯一依据，要想看到真实的自己，就要经常审视自己的内心。

2. 走出自欺的泥沼

安徒生童话《皇帝的新装》里那个皇帝，为了表明自己是个聪明人，穿着一身想象中的新衣服，洋洋得意地走在大街上；而他的臣民们为了表明自己不是傻子，也装模作样对那子虚乌有的华服赞叹不已。但假的终归是假的，一个不谙世事的孩子，直截了当地说出了真相："皇帝什么都没有穿！"

皇帝本想掩饰自己的愚蠢，最终却暴露了自己肥胖的肚子和臃肿的屁股，当然，他的愚蠢也随之暴露无遗。这虽然是个童话故事，却提示了人类的一种普遍心理现象——自欺欺人。只要注意观察，我们就会发现身边不乏这种皇帝似的人物。如果再进行一番自我剖析，就会看到，我们自己也都不同程度地是那个迷恋新装的皇帝。

自欺欺人，是我们认识自己的另一个障碍，和外部的"标签"不同，这个障碍来自我们的内心。我们每个人，要想在竞争激烈的社会上立足，总会遇到很多困难和冲突，现实和我们的理想往往有着很大的差距。当困难让我们束手无策时，我们就会感觉到自己的弱小；当冲突威胁到我们的生存时，我们可能会委曲求全。但是，无能、怯懦这样的自我评价是我们无法承受的，我们必须找出种种理由让自己相信我们的选择是正确的，或者把失败归结于种种外部原因。其实，自欺欺人也算是一种自我保护，但这是一种无效的保护，因为这只是暂时的麻痹，并不能改变事实。自欺欺人会妨碍我们正确地认识自己，使自己失去自我完善的动力。

每个人内心都有积极、美好、光明的一面，也有消极、丑恶、阴暗的一面。当不好的那一面在我们心中占据了优势时，有的人会及时反省，调整心态，重新唤醒那个美好的自己；而有的人却回避现实，粉饰自己，自欺欺人。如果一个人习惯于以自欺的方式来回避自己的缺点和失败，并乐于享受这种病态的心理平衡，天长日久，他就会真的相信自己的谎言，从而失去了认识自己的能力，陷入失败的泥潭无力自拔。我们要敢于正视自己，尤其要警惕为自己的行为所作的辩护，那些振振有词的道理也许只是一个自欺的烟幕弹。

海尔在银行工作了大半辈子，49岁那年，银行大规模裁员，他也在被裁之列。他知道失去工作并不是自己的错，但他还是觉得很丢人。他无法面对这个残酷的事实，也无法以一个失业者的身份去面对家人、朋友。所以，在失业后的几个月里，他继续按时搭班车，假装上班。他不得不寻找新工作，碰了几次壁之后，他得出一个结论："现在像我这样的失业者太多了，尤其是年近50岁的。"他对自己的年龄感到绝望："也许，只有上帝可以帮忙了。"他打算放弃一切尝试，做好了靠救济金了此余生的准备。

他心情越来越糟，存款越来越少，终于，这个可怕的事实被他的妻子发现了。她在了解了他这几个月所受的煎熬后，告诉他，50岁并不像他想象的那么可怕，可怕的是长期稳定的银行工作消磨了他的斗志和创造力，年龄问题不过是他逃避竞争的借口。她还列举了几个在能力上不比他强，在事业上却比他成功的熟人进行分析，让他相信凭他的聪明和学识，完全有能力获得一份更好的工作。海尔的热情被激发了出来，他开始积极地寻找机会。

几天后，海尔在机场的餐厅用餐，一位先生和他打招呼。海尔仔细一看，竟是多年不见的大学同学罗尔斯。两个人曾经是很好的朋友，大学毕业后在同一家银行工作，后来罗尔斯辞去工作到外地去闯荡，海尔的生活因为稳定而显得日益庸碌，年轻的热情在岁月中逐渐消退，他们渐渐失去了联系。

罗尔斯说，辞去银行的工作是他一生中最明智的决定。他如今在一家科研机构任部门主管，负责为一些科研项目募集资金。海尔还没有弄清楚这到底是一种什么样的工作，那个机构还缺不缺人，就问能不能让他也参加这个工作。

"话一出口连我自己都感到吃惊！我一向稳重，天知道为什么突然变得如此轻率，也许是这段时间积极争取机会已经成了习惯了吧。在罗尔斯还没有回答我之前，我已经做好了被拒绝的准备。"海尔说，"没想到罗尔斯立刻就答应了我的要求。也许50岁真的不算太大，也许是我积极的态度打动了他。"

海尔在新的岗位上干得很好，他完全没有料到自己在交际和谈判上能够干得那么出色，他的成绩受到了上下一致的好评。一年后，机构董事会决定由他代替罗尔斯的位置，而罗尔斯由于招到了如此出色的人才来替代自己而升职了。这真是一个皆大欢喜的结局。海尔从自欺欺人的泥沼中走了出来，直面现实，从而拉开了成功的序幕。

自欺欺人是成功的大敌，一切导致我们失败的品质都能在它那里得到庇护。要想抵达成功的彼岸，我们要做的第一件事就是搬掉这块盘踞在我们心中的顽石。

3. 认识真实的"我"

如果一个人对自己缺乏正确的认识，就会经常作出错误的判断，一次次陷入失败的泥潭；而一个人的成功，往往就是从发现真实的"我"开始的。要想全面、客观地认识自己，就必须从身体、心理、能力三个方面进行综合考察。

(1) 身体。首先我们可以列出关于身体的一系列问题，如：

我漂亮吗？

我健康吗？

我的体形匀称吗？

我的身体敏捷吗？

……

中国人自古以来喜欢强调道德和名节，相形之下，对身体、尤其是容貌似乎就不那么看重了，至少，表面上不是很重视。我们的文化背景让我们觉得，公然关心自己的长相有浅薄庸俗之嫌。但事实上，除了圣人，几乎所有人都关心自己的容貌，其关心程度丝毫不亚于对品德的关心。谁都无法否认，外貌对一个人的心态、爱情、幸福，甚至事业都有着极大的影响。

我们都知道，在人际交往中，第一印象至关重要，而外貌正是构成第一印象的主要因素之一。漂亮的长相容易使人联想到善与美，因此长相漂亮的人更容易为人所接受，良好的外界反应反过来又增强了他们的自信，于是他们在拥有了令人羡慕的外貌之外，又多了一份潇洒与从容。的确，漂亮的人比普通的人占有更多的先天优势，那么其貌不扬者是否就已经输在起跑线上了呢？未必！漂亮者由于得到的赞誉多于常人，容易自我感觉过于良好，从而失去对自我的正确认识。另外，由于成长过程比别人更顺利，至少从理论上说，成年后心理承受能力可能不如常人。

而相貌平平者，至少还有一个弥补的方法——这里说的当然不是化妆或做整容手术，而是坦然承认自己貌不如人。只有正视自己平凡的相貌，才能客观冷静地看到自己的优势，并将其发挥出来。其实，这种坦诚本身就是一种难得的美，这样的美固然不像美貌那么惊人，但却最经得起岁月的检验，犹如佳酿，越陈越香。

有的人不能正视自己相貌上的缺憾，费尽心机，想出各种办法来加以粉饰。结果呢，通常情况下都如古话所说——欲盖弥彰。《庄子》里有一个寓言故事，说西施有心痛的毛病，犯病时总是眉头微皱，用手捂着心口。即使这样，人们还是觉得她很美，美其名曰"西子捧心"。同村的一个丑姑娘也觉得这个姿势不错，学着西施的样子，逢人就捂着胸口，皱眉做痛苦状。没想到村里人见了这副怪模样，全都吓得落荒而逃。

丑姑娘的荒唐在于对自己缺乏正确的认识，偏要在自己的缺憾上做文章，结果反而吸引了别人去注意她的短处，人为地夸大了自己的丑。

再举一个相反的例子。加州大学艺术博士、华人女画家黄美廉，从小就患了脑性麻痹症，这种病使她无法保持肢体的平衡，也无法正常发声说话，所以她向你走过来时，就像一具残破的木偶，四肢不规则地舞动着，脖子伸得老长，嘴张得老大，身体东倒西歪，仿佛随时都会倒下，让你为她提心吊胆。她基本上说不出一个完整的句子，但她的听觉特别敏锐，当你猜中她的意思时，她会伸出指头指着你，快活地大叫一声，然后送给你一张用她的画制作的明信片。

从小到大，黄美廉都生活在病痛中，同时也生活在别人异样的目光中。但身体的残疾无法阻止她心灵的奋斗，她以惊人的毅力获得了加州大学艺术博士学位。她的身体毫无美感，但她用自己的作品展示了内心的美丽。

有一次，黄美廉对一群学生演讲，一个冒失的学生问她："你从小就是这么一副模样，你怎么看自己？难道你心里没有一点怨恨吗？"

话音一落，全场顿时一片静默，所有的人都紧张起来，这个学生太冒失了，当着这么多人的面问出这么敏感的问题来，所有的人都担心黄美廉承受不了。

"我怎么看自己？"黄美廉用粉笔在黑板上奋力写下这个问题，然后转过身，歪着头看着那个学生。就在众人以为她要发火的时候，她笑了，笑得很灿烂。她在黑板上写下她的回答：

我很可爱！

我的腿修长、漂亮！

我的父母很爱我！

上帝很爱我！

我会画画，还能写作！

我有一只可爱的猫！

……

教室里沉默依旧，人们的呼吸都变得轻柔了。黄美廉转过身看着大家，最后在黑板上写道："我只看我拥有的，不看我没有的。"

台下响起了暴风雨般的掌声，黄美廉歪斜着身子站在台前，脸上又绽开了笑容，笑得那么开心，眼睛眯成了一条缝。这时候，没有人再觉得她是一个残疾人，每个人都感觉到了她那从内到外散发出来的美。

有的人能够承认自己貌不如人，这固然不失为一种坦诚，但他们成天为自己相貌悲叹，根本无心去发现自己特有的美，因此，还不能算发现了真"我"。身体残疾的黄美廉，尚能发现自己的腿长得美，并以此自豪，那些相貌平凡的健康人还有什么好忧虑的呢？我们不仅需要直面现实的坦然与真诚，更需要黄美廉那种豁达和乐观。我们不妨先承认自己的缺憾，然后像黄美廉那样"只看我拥有的，不看我没有的"。

(2)心理状态。认识自己的另一个途径，是考察自己的心理状态。我们可以提出这些问题：

我积极吗？

我坚强吗？

我乐观吗？

我敢于挑战困难吗？

我能承受失败吗？

……

所有这些问题可以合并成一个问题——我自信吗？

自信是对自己的身体、智能、品格等方面的肯定，良好的自信心是建立在正确的自我认识之上的。能够正确认识自己的人，自信而不轻狂，积极而不冒进；对自己缺乏正确认识的人，容易走上两个极端，要么盲目自信，刚愎自用，要么不自信，裹足不前，考察自己的心理状态，重点在于考察自己的自信心是否适度，是否符合自己的实际情况。

盲目自信的人不顾自身的实际情况，凭一时的热情轻举妄动，最后必然以悲剧收场。

与盲目自信相比，缺乏自信对社会的危害虽然小一些，但也足以断送掉一个人一生的幸福。不自信的人总是盯着自己的不足，对自己的长处视而不见，面对任何挑战和困难，他们总是习惯性地在心里说"我不行"。不自信的心态往往不是来自事实或经验，而是来自我们对事实的看法。比如，一个学生数学不行，但并不证明他是一个"不行的人"。行与不行，主要取决于我们拿谁的标准来衡量自己。

不自信之所以会断送我们的幸福，并不是因为我们事实上不如别人，而是因为我们产生了不如人的感觉，这种感觉产生的原因就是我们拿别人的标准来衡量自己。谁都知道，漂亮的容貌更容易为人所接受，我们应该承认这个事实，但却不必把容貌当作唯一的价值标准。人的可爱、成功、幸福是由很多因素构成的，容貌并不是唯一的因素，容貌漂亮的失败者和其貌不扬的成功者在我们身边并不少见。假如李白偏要拿宋玉的容貌来衡量自己的价值，苏东坡偏要在武功上向岳飞看齐，他们又怎么可能写出传世诗篇呢？

自信的人既不忽略自己的长处，也不否认自己的短处。他的做事方法是扬长避短，他的价值标准是来自自己的内心。外界的各种标准只能作为参考，却无法从根本上左右他对自己的评价。说到底，真正自信的人其实就是能够经常冷静客观地审视自己的人。

（3）能力。客观地评价自己的能力，也是认识自己的一条重要途径。在这里，能力包括智力和情商两个方面。

一个善于认识自己和自我激励的人，知道自己能做什么和不能做什么，既不会自不量力，也不会低估自己的能力。他能清楚地看到自己能力的欠缺，同时又能把自己的潜力充分挖掘出来，甚至在自我激励的作用下超水平发挥。

凯莉是一位年轻的美国妇女，有一天她决定辞掉银行职员的工作，去做一个拖车代理商。当时美国的拖车市场竞争非常激烈，朋友都劝她放弃这个错误的想法，他们认为她没有能力在一个陌生的行业去参与白热化的竞争，况且，她既没有足够的资金，也没有拖车销售的经验。

凯莉承认自己资金不够，当时她的全部积蓄不到3000美元，这点资金对于拖车生意来说简直是杯水车薪。但是，凯莉坚持认为自己的性格很适合这种富于挑战性的工作。她冷静客观地分析了自己的能力：首先，她性格开朗，善于与陌生的顾客沟通，这是她最大的优势所在；另外，她在银行从事的是调研工作，经常调查各种客户的经营方式，因此了解各行各业的经营诀窍，她可以把其他行业的某些销售方法用于拖车销售上；所以，她认为自己完全能够胜任这个工作。

"至于经验，"她对她的朋友们说，"经验虽然可贵，但也容易阻止人们去尝试新的方法。我研究过那些竞争对手，他们过于依赖已有的经验。这一行业竞争激烈，但他们所用的方法都差不多，这就为我这个新手提供了机会，我有把握做得比全城任何一家代理商都好。我知道我可能会犯错误，会遇到困难，但我有能力解决所有问题。"

后来的事实正如她所说，她的第一个难题——资金问题很快就解决了。她拿出了一份详细的市场分析报告和销售方案，并以她的热情和信心赢得了两位投资人的信任。她还做到了一件别人做不到的事，说服一家拖车制造商在不收押金的情况下向她供货。结果，第一年，这位初出茅庐的拖车销售商就卖出了100多万美元的产品。第二年，她成了堪萨斯州最大的拖车代理商，其年收入已是做银行职员时的300多倍。

单从智力的角度说，凯莉并不是出类拔萃的，但她有一种了不起的智慧，那就是自知之明。她知道自己欠缺的是什么，也知道自己的优势在哪里，然后恰到好处地用自己的优势来弥补缺陷。于是，她成功了。她的成功来自她对自己能力的正确认识和运用。

通过对自己的身体、心理、能力的客观分析和评价，我们将发现一个真实的"我"。这个"我"不会为自己身体的缺陷而感到懊恼和自卑，也不会因为有一个漂亮健康的身体而得意忘形；不会因为盲目自信而遭受不必要的失败，也不会因为不自信而裹足不前；既能看到自己能力上的缺陷，又能扬长避短，最大限度地发挥自己的能力。

如果你对自己的认识与你的实际情况差距过大，你就会对形势作出错误的判断，失败也就不可避免。我们今天的生活状况，我们的前程，在很大程度上取决于我们是否发现了那个真实的"我"。因为只有了解了自身的实际情况，才可能以一个恰当的姿态出现在社会上，并对外界的变化作出恰当的反应。

4. 发现了不起的自己

(1) 人人都有巨大的潜力。我们每个人在幼年时都曾对未来有过美好的向往，但是随着年龄的增长，我们幼稚的热情一次次被现实的冷水扑灭。终于，我们看到了现实与理想之间那可怕的距离，学会了用世俗的道理来说服自己安于现状。渐渐的，美好的梦想在我们脑海中越来越模糊，直到它被庸碌的生活完全淹没。

我们说服自己放弃梦想最有力的一条理由就是"我的能力有限"，既然能力有限，困难超出了我们的能力范围，焉有不失败之理。一个人的能力是有限的，这固然是个真理，但并不能成为我们退却的理由，因为困难是否已经超出了我们的能力范围，很大程度上取决于我们对自己能力的认识。事实上，很多在困难面前选择退却的人，并不是真的能力不够，而是没有认识到自己的能力有多大，或者说，他不知道自己身上潜伏着巨大的能量。美国学者詹姆斯认为，普通人终其一生，最多只发展了自己 10% 的潜能，那只是我们身心资源的一小部分。

这里所说的潜能主要是指心理能量和大脑的潜力。潜能也包括身体潜能，由于人类生产方式的进步，体能在人的能力构成中所占的比例越来越小，已逐渐退居次要位置。人类发展至今，我们的体能并没有明显优于我们的远祖，在某些方面，如攀爬、对环境的适应能力等甚至不如我们的祖先，可见人类身体潜能可开发的余地是非常有限的。人类之所以能从生物界脱颖而出，主要是因为发展了大脑和心理的潜能。现在和将来，我们在激烈的社会竞争中所凭仗的仍将是心理与大脑的能力。人的潜能主要表现在以下方面：

一是神奇的精神力量。说到人的精神力量，很多人持怀疑态度，他们以为所谓精神力量不过是一种心理暗示，并不能直接导致事物的变化。但是科学研究的大量事实表明，精神因素能直接影响神经系统。人的行为、脑电波、心率、血压、消化功能等，无不受到精神的控制和影响。很多癌症患者在被确诊之前，身体状况还不错，而一旦得知自己患了癌症，一两年就会病逝。癌症患者过早病逝当然有许多原因，但精神支柱的崩溃无疑是一个重要原因。

二是浩瀚的大脑。人类大脑的储存量极大，每秒能够接受 10 来个信息。信息的单位叫比特，一个信息也就是一个比特。据科学家保守估计，正常人的脑容量有 100 万亿比特。我们可以换一种形象的说法：100 万亿比特的信息要比全世界所有图书馆的藏书内容还要多。除此之外，人类还有潜意识，有许多难以用语言表达的微妙感受和印象。事实上，一个普通人所能表达出的内容只是其脑海中信息的极少部分，即便是智力超群的爱因斯坦，也最多使用了其大脑的 30% 的功能，而普通人连 10% 都没用到，绝大部分脑细胞就像失业者一样，无所事事。大脑有着海洋般浩瀚的潜能，虽然一个人终其一生也只能利用其中一小部分，但这意味着我们解决问题、克服困难的可能性远比我们原来想象的大。当我们在遇到困难打算退缩的时候，不妨自问："我真的无能为力了吗？换个角度去思考会怎么样？是否还有其它的办法？"

三是强大的综合感觉功能。人的感觉功能就各个单项而言，在生物界并不突出，如人的嗅觉和听觉不如狗、猫等许多动物，远视能力不如鹰，夜视能力不如许多夜行动物。但是，人的综合感觉功能是生物界的佼佼者。人类对色彩、明暗、体积、形状、距离、质感等的感觉十分准确，另外，人类还能敏锐地感觉到各种非语言的暗示，领会各种微妙的身体语言。

（2）寻找自己的舞台。许多人虽然认识到自身具有巨大的潜力，却无法将它发挥出来，原因就是没有找到施展才华的舞台。由于先天禀赋和成长环境的不同，每个人的性格各不相同，能力上也各有所长，因此我们不仅要认清自身的潜力，还要找到一个适合的用武之地，以使自己的才干得到更好的发挥。

汉高祖刘邦和韩信曾经有过一段有趣的交谈。刘邦问韩信："都说你是伟大的军事家，那你看看我可以带多少兵啊？"

韩信虽然兵书读了不少，但是不善于揣摩领导的心思，不会用发展观看问题，直白地回答说："我看您带兵不能超过十万。"刘邦颇为不快，又问："那你可以带多少兵呢？"韩信豪气冲天："多多益善！"。刘邦嘲笑道："那为何我当了皇帝，你只能当个将军呢？"韩信沉默良久，一语道破："我善于带兵，而你善于带将。"

刘邦和韩信，都找对了自己的位置。如果把两个人的位置颠倒过来，项羽估计是要笑到飞起来的。

一个位置，就是一个舞台。如何确定适合自己的角色，演好自己的戏份，这并不是人人都清楚的。生活中太多的人，最困难的事情就是对于自身的定位。本来龙套也有龙套的精彩，却一定要做配角，甚至是主角，根据功利的需要和不切实际的臆断来确定人生的走向。比如我们听得最多的一句话就是：领导谁都可以做。当然，位置谁都坐得上，但是能不能坐得稳，是不是做得好，这是个问题。每个人的潜质和能力都不尽相同，找准属于自己的舞台，发挥自己的光和热，在社会上留下自己微不足道的业绩，这才是最主要的。站得更高，未必看得更远，还有可能摔得更惨；舞台虽小，未必撑不起大场面，还有可能上演一场绝妙的独舞。从这个意义上说，人生最重要的任务就是寻找到属于自己的舞台。

💬 知识拓展

努力喜欢现实中的自己

一位挑夫有两只水桶，分别吊在扁担的两头。其中一只桶上有一条小小的裂痕，另一只则是完好无缺。每次长途的挑担之后，完好无缺的那只桶，总是能将满满一桶水从溪边送到主人家中，而有裂痕的那只桶到达时，却只剩下半桶水。

每一天，挑夫就这样挑一桶半的水到主人家，当然，那只好桶觉得十分自豪，而破桶呢？对于自己的缺陷常常闷闷不乐，非常羞愧，他为只能负起一般的责任，感到非常难过。

在饱尝了两年失败的苦楚之后，破桶终于忍不住了。他对挑夫说："我很惭愧，必须向你道歉。"

"为什么呢？"挑夫问道："你为什么觉得惭愧？"

"过去两年中，我感到非常过意不去。每天你打的水都要从我身上漏掉一半，害得你要多跑好几趟。由于我的缺陷，使你干了全部的活儿，却只能有一半的收获。你不如换一个新桶，把我扔掉吧。"破桶说。

可是挑夫却说："我们在回主人家的路上时，我希望你留意一下走过的小路旁盛开的花朵。"他们走在回家的山坡上时，破桶眼前一亮，他看到缤纷的花朵，盛开在路的一旁，沐浴在温暖的阳光下，这景象使他开心极了！

挑夫告诉这只破桶，他特地在路旁撒下花种，这样，有裂缝的水桶反而成了最方便也最有效的灌溉工具！

但是，走到小路的尽头，破木桶又难受了，因为一半的水又在路上漏掉了！

挑夫温和地说："你有没有注意到小路两旁，只有你那一边有花，好桶的那一边却没有开花呢？我明白你有缺陷，因此我善加利用，在你那边的路旁撒了花种，每回我从溪边回来，你就替我一路浇了花！两年来，这些美丽的花朵装饰了主人的餐桌。如果你不是这个样子，主人的桌上也没有这么好看的花朵了！"

第二节　自我认识实训项目

自我认识能力是指一种情绪刚露头时就辨识出来的能力，它是情商的基础。自我认识的培养有赖于仔细聆听"躯体标志"，即潜藏在身体内层的感受。而这种感受发生时，人们不一定觉察得到。例如，在天性怕老鼠的人身上安上传感器，然后再给他们看一张老鼠的照片，就能探测到汗，这表明他已经出现焦虑和恐惧情绪；而与此同时，接受实验的人可能声称他根本就没有感到害怕。通过有意识的努力，我们就能更敏锐地辨识自己的情绪。举例说，某人在经历一场激烈冲突后，接下来的几个小时都神态失常；他自己可能不知道，直到别人提醒才大吃一惊。但是，如果他早点察觉，就可以扭转这种状况。

自我认识能力的训练，可以通过多种方式和形式进行，如一些情商游戏、情商仪器、情商测试等都可以用于认识自我及自我情绪，认识自我情绪时时刻刻的变化。没有能力认识自身的真实情绪就只好听凭这些情绪的摆布，成为情绪的奴隶。

自我认识实训一

✍ **情商·小·测试**

你是个情绪稳定的人吗？

情绪稳定一般被看做一个人心理成熟的重要标志。所谓情绪稳定，主要是指一个人能积极地调节、控制自己的情绪，在短时间内没有大起大落的变化，不会时而心花怒放，转瞬又愁眉苦脸。当然，一个人的情绪与他先天的神经类型有关系。一般说来，黏液质的人情绪生来比较稳定，而胆汁质的人情绪生来不太稳定。因此，可以说，情绪稳定的人不一定心理成熟，但心理成熟的人情绪必然是稳定的。

你是情绪稳定的人吗？如果你希望知道结果，不妨做做下面的测试。

每个问题都有 3 种答案可供选择，你可以将题目看清楚一点，至于选择哪一种答案不必斟酌不定，只要选择与自己的实际情况最相近的一种便可。

1. 看到自己最近一次拍摄的照片，你有何想法？
   A. 觉得不称心　　　　　B. 觉得很好　　　　　C. 觉得可以
2. 你是否想到若干年后会有什么事使自己极为不安？
   A. 经常想到　　　　　　B. 从来没有想过　　　C. 偶尔想到
3. 你是否被朋友、同事或同学起过绰号并挖苦过？
   A. 这是常有的事　　　　B. 从来没有　　　　　C. 偶尔有过
4. 你上床以后，是否经常再起来一次，看看门窗是否关好，炉子是否封好等？
   A. 经常如此　　　　　　B. 从不如此　　　　　C. 偶尔如此
5. 你对与你关系最密切的人是否满意？
   A. 不满意　　　　　　　B. 非常满意　　　　　C. 基本满意
6. 半夜的时候，你是否经常觉得有害怕的事？
   A. 经常　　　　　　　　B. 从来没有　　　　　C. 极少有这种情况
7. 你是否经常因梦见可怕的事而惊醒？
   A. 经常　　　　　　　　B. 没有　　　　　　　C. 极少有这种情况
8. 你是否有多次做同一个梦的情况？
   A. 有　　　　　　　　　B. 没有　　　　　　　C. 记不清楚
9. 有没有一种食物使你吃后呕吐？
   A. 有　　　　　　　　　B. 没有　　　　　　　C. 记不清楚
10. 除去看见的世界外，你心里有没有另一个世界？
    A. 有　　　　　　　　　B. 没有　　　　　　　C. 记不清楚
11. 你心里是否时常觉得你不是现在的父母所生？
    A. 时常　　　　　　　　B. 没有　　　　　　　C. 偶尔有
12. 你是否曾经觉得有一个人爱你或尊重你？
    A. 是　　　　　　　　　B. 否　　　　　　　　C. 说不清楚
13. 你是否常常觉得你的家庭对你不好，但是你又确知他们的确对你好？
    A. 是　　　　　　　　　B. 否　　　　　　　　C. 偶尔
14. 你是否觉得没有人十分了解你？
    A. 是　　　　　　　　　B. 否　　　　　　　　C. 说不清楚
15. 你在早晨起来的时候，最常有的感觉是什么？
    A. 忧郁　　　　　　　　B. 快乐　　　　　　　C. 讲不清楚
16. 每到秋天，你常有的感觉是什么？
    A. 秋雨霏霏或枯叶遍地 B. 秋高气爽或艳阳天　C. 不清楚
17. 你在高处的时候是否觉得站不稳？
    A. 是　　　　　　　　　B. 否　　　　　　　　C. 有时是这样
18. 你平时是否觉得自己很强健？
    A. 否　　　　　　　　　B. 是　　　　　　　　C. 不清楚
19. 你是否一回家就立刻把房门关上？
    A. 是　　　　　　　　　B. 否　　　　　　　　C. 不清楚

20. 你坐在小房间里把门关上后，是否觉得心里不安？
    A. 是   B. 否   C. 偶尔

21. 当一件事需要你作决定时，你是否觉得很难？
    A. 是   B. 否   C. 偶尔

22. 你是否常常用抛硬币、翻纸牌、抽签之类的游戏来测凶吉？
    A. 是   B. 否   C. 偶尔

23. 你是否常常因为碰到东西而跌倒？
    A. 是   B. 否   C. 偶尔

24. 你是否需要一个小时以上才能入睡，或醒得比你希望的早一个多小时？
    A. 经常这样   B. 从不这样   C. 偶尔

25. 你是否曾看到、听到或感觉到别人觉察不到的东西？
    A. 经常这样   B. 从不这样   C. 偶尔

26. 你是否觉得自己有超乎常人的能力？
    A. 是   B. 否   C. 不清楚

27. 你是否觉得有人跟着你走而心里不安？
    A. 是   B. 否   C. 不清楚

28. 你是否觉得有人在注意你的言行？
    A. 是   B. 否   C. 不清楚

29. 当你一个人走夜路时，是否觉得前面暗藏着危险？
    A. 是   B. 否   C. 偶尔

30. 你对别人自乐有什么想法？
    A. 可以理解   B. 不可思议   C. 不清楚

💬 评分规则

以上各题选 A 记 2 分，选 B 记 0 分，选 C 记 1 分。请将各题得分相加，算出总分。
你的总分：

0～20 分：表明你情绪稳定、自信心强，具有较强的美感、道德感和理智感。你有一定的社会活动能力，能理解周围人们的心情，顾全大局。你是一个性情爽朗，受人欢迎的人。

21～40 分：说明你情绪基本稳定，但较为深沉，对事情的考虑过于冷静，处事淡漠消极，不善于发挥自己的个性。你的自信心受到压抑，办事热情忽高忽低，易瞻前顾后、踌躇不前。

41～50 分：说明你情绪极不稳定，日常烦恼太多，易使自己的心情处于紧张和矛盾之中。

51 分及以上：这是一种危险信号，你务必要请心理医生作进一步诊断。

💬 知识拓展

人的气质类型

人的气质主要是由遗传决定的。目前，心理学家们普遍认为，在通常情况下，人的气质类型可分为胆汁质、多血质、黏液质和抑郁质四种。心理学界对这四种气质是这样解释的：

胆汁质：神经活动强而不均衡型。这种气质的人兴奋性很高，脾气暴躁，性情直率，精力旺盛，能以很高的热情埋头事业，兴奋时，决心克服一切困难，精力耗尽时，情绪又一落千丈。

多血质：神经活动强而均衡的灵活型。这种气质的人热情、有能力，适应性强，喜欢交际，精神愉快，机智灵活，注意力易转移，情绪易改变，办事重兴趣，富于幻想，不愿做耐心细致的工作。

黏液质：神经活动强而均衡的安静型。这种气质的人平静，善于克制忍让，生活有规律，不为无关事情分心，埋头苦干，有耐久力，态度持重，不卑不亢，不爱空谈，严肃认真；但不够灵活，注意力不易转移，因循守旧，对事业缺乏热情。

抑郁质：神经活动弱型，兴奋和抑郁过程都弱。这种气质的人沉静，深沉，易相处，人缘好，办事稳妥可靠，做事坚定，能克服困难；但比较敏感，易受挫折，孤僻，优柔寡断，疲劳不容易恢复，反应缓慢，不图进取。

对照着上面的解释，你知道你是哪种气质类型了吗？

自我认识实训二

情商小·测试

你认识你自己吗？

本心理测试是以著名的美国兰德公司（战略研究所）拟制的一套经典心理测试题为蓝本，根据中国人心理特点加以适当改造后形成的心理测试题，目前已被一些著名大公司作为对员工心理测试的重要辅助试卷，效果很好。试着测试一下，认识一下也许你不知道的自己！

注意：每题只能选择一个答案，该答案应为你第一印象的答案，把相应答案的分值加在一起即为你的得分。最后有一个分值分析，供参考。

1. 你更喜欢吃哪种水果？
   A. 草莓　2分　　　　B. 苹果　3分　　　　C. 西瓜5分
   D. 菠萝　10分　　　　E. 橘子　15分

2. 你平时休闲经常去的地方是？
   A. 郊外　2分　　　　B. 电影院　3分　　　C. 公园　5分
   D. 商场　10分　　　　E. 酒吧　15分　　　　F. 练歌房　20分

3. 你认为容易吸引你的人是？
   A. 有才气的人　2分　　B. 依赖你的人　3分　　C. 优雅的人　5分
   D. 善良的人　10分　　　E. 性情豪放的人　15分

4. 如果你可以成为一种动物，你希望自己是哪种？
   A. 猫　2分　　　　　B. 马　3分　　　　　C. 大象　5分
   D. 猴子　10分　　　　E. 狗　15分　　　　　F. 狮　20分

5. 天气很热,你更愿意选择什么方式解暑?

    A. 游泳　5分　　　　　　B. 喝冷饮　10分　　　　　C. 开空调　15分

6. 如果必须与一个你讨厌的动物或昆虫在一起生活,你能容忍哪一个?

    A. 蛇　2分　　　　　　　B. 猪　5分　　　　　　　C. 老鼠　10分

    D. 苍蝇　15分

7. 你喜欢看哪类电影、电视剧?

    A. 悬疑推理类　2分　　　B. 童话神话类　3分　　　C. 自然科学类　5分

    D. 伦理道德类　10分　　　E. 战争枪战类　15分

8. 以下哪个是你身边必带的物品?

    A. 打火机　2分　　　　　B. 口红　2分　　　　　　C. 记事本　3分

    D. 纸巾　5分　　　　　　E. 手机　10分

9. 你出行时喜欢坐什么交通工具?

    A. 火车　2分　　　　　　B. 自行车　3分　　　　　C. 汽车　5分

    D. 飞机　10分　　　　　　E. 步行　15分

10. 以下颜色你更喜欢哪种?

    A. 紫　2分　　　　　　　B. 黑　3分　　　　　　　C. 蓝　5分

    D. 白　8分　　　　　　　E. 黄　12分　　　　　　F. 红　15分

11. 下列运动中挑选一个你最喜欢的(不一定擅长)?

    A. 瑜伽　2分　　　　　　B. 自行车　3分　　　　　C. 乒乓球　5分

    D. 拳击　8分　　　　　　E. 足球　10分　　　　　　F. 蹦极　15分

12. 如果你拥有一座别墅,你认为它应当建立在哪里?

    A. 湖边　2分　　　　　　B. 草原　3分　　　　　　C. 海边　5分

    D. 森林　10分　　　　　　E. 城中区　15分

13. 你更喜欢以下哪种天气现象?

    A. 雪　2分　　　　　　　B. 风　3分　　　　　　　C. 雨　5分

    D. 雾　10分　　　　　　　E. 雷电　15分

14. 你希望自己的窗口在一座30层大楼的第几层?

    A. 七层　2分　　　　　　B. 一层　3分　　　　　　C. 二十三层　5分

    D. 十八层　10分　　　　　E. 三十层　15分

15. 你认为自己更喜欢在以下哪一个城市中生活?

    A. 丽江　1分　　　　　　B. 拉萨　3分　　　　　　C. 昆明　5分

    D. 西安　8分　　　　　　E. 杭州　10分　　　　　　F. 北京　15分

📁 你的分值

180分以上:意志力强,头脑冷静,有较强的领导欲,事业心强,不达目的不罢休。外表和善,内心自傲,对有利于自己的人际关系比较看重,有时显得性格急躁,咄咄逼人,得理不饶人,不利于自己时顽强抗争,不轻易认输。思维理性,对爱情和婚姻的看法很现实,对金钱的欲望一般。

140~179分：聪明，性格活泼，人缘好，善于交朋友，心机较深。事业心强，渴望成功。思维较理性，崇尚爱情，但当爱情与婚姻发生冲突时会选择有利于自己的婚姻。金钱欲望强烈。

100~139分：爱幻想，思维较感性，以是否与自己投缘为标准来选择朋友。性格显得较孤傲，有时较急躁，有时优柔寡断。事业心较强，喜欢有创造性的工作，不喜欢按常规办事。性格倔强，言语犀利，不善于妥协。崇尚浪漫的爱情，但想法往往不合实际。金钱欲望一般。

70~99分：好奇心强，喜欢冒险，人缘较好。事业心一般，对待工作，随遇而安，善于妥协。善于发现有趣的事情，但耐心较差，敢于冒险，但有时较胆小。渴望浪漫的爱情，但对婚姻的要求比较现实，不善理财。

40~69分：性情温良，重友谊，性格踏实稳重，但有时也比较狡黠。事业心一般，对本职工作能认真对待，但对自己专业以外事物没有太大兴趣，喜欢有规律的工作和生活，不喜欢冒险，家庭观念强，比较善于理财。

40分以下：散漫，爱玩，富于幻想。聪明机灵，待人热情，爱交朋友，但对朋友没有严格的选择标准。事业心较差，更善于享受生活，意志力和耐心都较差，我行我素。有较强的异性缘，但对爱情不够坚持认真，容易妥协。没有财产观念。

📑 知识拓展

情商低的危害

停下来想想，你会怎样去看待某个缺乏情商的人，你会怎么去评价他们？

下面是些例子：

"他从来都不考虑别人的感受。"

"他总觉得自己是对的。"

"我不想让他帮忙，因为我知道他不愿意帮助别人。"

"我发现一说到对我很重要的事情，他就不怎么搭话。"

"我从来没发现他能先顾别人再顾自己。"

"他们简直是顽固不化。"

当然，上面只是简单的几个例子。此类例子还有很多，但是，仅仅从上述例子中我们就能看出，缺乏情商确实会破坏我们与他人的关系，影响他人对我们的看法。

缺乏情商同样会破坏我们自身的整体性，减少对自我价值的认知。

詹妮做完了一天的工作，正期待着晚上去剧院看演出。去车库开车的时候，她发现有一个同事的车斜停在两个停车位的中间。"多自私！"詹妮想。尽管还有空的停车位，但是詹妮还是感到很愤怒。"需要给这个人上堂课。"詹妮寻思着。詹妮走到停车接待处投诉。没想到，接待员竟然不在，詹妮认为接待员肯定提前回家了。这让詹妮更生气，她从服务台上拿起一张大白纸，写了一张纸条，粗鲁地骂了刚才那个没好好停车的司机有多自私。然后，她又写了一张纸条，强烈谴责接待员的失职，竟然没到点就离开岗位。詹妮把第一张纸条贴在刚才那辆汽车的挡风玻璃上。

她对刚才发生的事情如此愤怒，以致在剧院都无法集中精力看整场表演——这完全是个扫兴的夜晚。

到了第二天，詹妮去上班，发现公司的气氛阴沉沉的。原来昨天晚上，有个同事停车的时候撞到了停车场的墙上，心脏受到冲击，生命垂危，现在正在医院。而昨天接待员看到詹妮同事出事后，就去帮着停车去了。詹妮很懊悔——一方面因为自己看到不顺眼的情形时，竟然做出那么强势的行动；另一方面觉得自己缺乏考虑，车之所以那么歪停着可能是发生了什么事。詹妮花了很长时间才从懊恼的心情中走出来。

首先，詹妮的弱点在于缺乏自我管理——她对所看到的场景感到生气情有可原，但是错就在她不能控制自己的消极情绪，导致她写了那些侮辱性的话。其次，詹妮缺乏自我意识。一看到那个场景，詹妮想都没去想为什么车会那么停，而是很快就认定是别人自私，不为其他人着想。接待员不在岗位上，她也没去想可能是别的原因早下班。她缺乏足够的情商去找出事件发生的原因，没有考虑到事情可能有其他缘由而不是自私。缺乏情商的后果就是：詹妮埋怨自己，感到羞愧，同事也会因为她的行为而不高兴。

自我认识实训三

情商仪器实验

注意力分配实验

实验目的：本仪器可测量被试者注意分配值的大小，即检验被试者同时进行两项工作的能力，本仪器也可以用来研究动作、学习的进程和疲劳现象，让学生更全面地认识自己。

实验人数：视实验仪器台数而定。每台仪器可供4~6名学生一组开展实验。

实验时间：30分钟。

实验仪器：注意分配实验仪（BD-II-314型）

实验过程详解

1. 实验概述

注意分配指人在同一时间内把注意指向两种或两种以上的活动或对象的能力。它是人根据当前活动需要主动调整注意指向的一种能力，与注意分散有本质区别。其实现主要取决于是否具有熟练的技能技巧，即同时进行的两种或两种以上的活动中，只能有一种是生疏的、需要加以集中注意的，而其余的动作则必须是相当熟练的处于注意的边缘即可完成的。此外同时进行的几种活动必须是在人的不同加工器内进行信息加工的，否则不可能实现一心二用或多用。

注意分配的水平，依赖于同时进行的几种活动的性质复杂的程度和个体熟练程度。通常同时进行的几种活动之间存在着内在联系，处于邻近空间内，复杂程度低，个体熟练程度高时的利于注意分配，否则注意难以分配。

本仪器可测量被试者注意分配值的大小，即检验被试者同时进行两项工作的能力。本仪器也可用来研究动作，学习的进程和疲劳现象。可广泛用于医学、体育、交通和军事等领域，适用于各类院校的心理教学实验。

2. 实验仪器主要技术指标

(1)声音刺激分高音、中音、低音三种，要求被试对仪器连续或随机发出的不同声音刺激作出判断和反应，用左手按下不同音调相应的按键，按此方法反复地操作一个单位时间，由仪器记录下正确及错误的反应次数。

(2)光刺激由八个发光管形成环状分布，要求被试对仪器连续或随机发出的不同位置的光刺激作出判断和反应，然后用右手按下与发光管相对应位置的按键，使该发光管灭掉。依此方法快速反复操作一个单位时间，由仪器记录下正确及错误的反应次数。

(3)以上两种刺激可分别出现，也可同时出现，用功能选择开关选定测试状态。

(4)两种刺激是随机的、自动的、连续的按规定时间出现。操作的单位时间分为：1～9分钟共九档。可按需要用功能选择开关来选择测试时间。

(5)分别记录设定时间内对光或声反应的正确次数及错误次数，最大次数999次。

(6)自动计算注意分配量 Q 值。

3. 实验原理

(1)被试者对仪器发出的连续、随机、不同音调的声刺激作出判断和反应。用左手按下相应按键，在规定时间内尽快地操作。仪器记录下正确的反应次数 S_1。

(2)被试者对仪器发出的连续、随机、不同位置的光刺激作出判断和反应。用右手食指按下相应按键，在规定时间内尽快地操作。仪器记录下正确的反应次数 F_1。

(3)仪器随机的、自动的、连续的按规定时间，同时呈现声刺激和灯光刺激，要求被试者左、右手，分别按下声、光按键，在规定时间内尽快地操作，仪器分别记录下正确的反应次数：S_2 和 F_2。则注意分配量 Q 的计算公式如下：

$$Q = \sqrt{S_2/S_1 \times F_2/F_1}$$

其中：S_1 为被试对单独声刺激的反应次数；

S_2 为声、光两种刺激同时出现时被试对声刺激的反应次数；

F_1 为被试对单独光刺激的反应次数；

F_2 为声、光两种刺激同时出现时被试对光刺激的反应次数；

Q 值的判定：

$Q < 0.5$，没有注意分配值

$0.5 \leq Q < 1.0$，有注意分配值

$Q = 1.0$，注意分配值最大

$Q > 1.0$，注意分配值无效

4. 功能说明

(1)主试面板说明：

①"工作"指示灯。

②启动键——主试开始测试键。

③复位键——中间强行中断或者每完成一组实验后重新开始。

④数码显示器。

⑤音量控制旋钮——实验前由主试调整合适音量。

⑥"定时"键——主试按此键设置每组实验时间，1~9分钟分成九档，数码显示于此键上方。

⑦"方式"键——选择工作方式，数码显示于此键上方。

方式	功　能
0	自检方式，此方式时可试音，试光，既检查仪器好坏，也可让被试熟悉低、中、高三种声调。
1	中、高二声反应方式
2	低、中、高三声反应方式
3	光反应方式
4	二声+光反应方式
5	三声+光反应方式
6	测定 Q 值，二声反应、光反应、二声+光反应三项实验连续进行
7	测定 Q 值，三声反应、光反应、三声+光反应三项实验连续进行

⑧"次数"键——实验结束后，选择显示的次数为正确次数或错误次数，其键上方的相应指示灯亮。

(2)被试者操作面板说明：

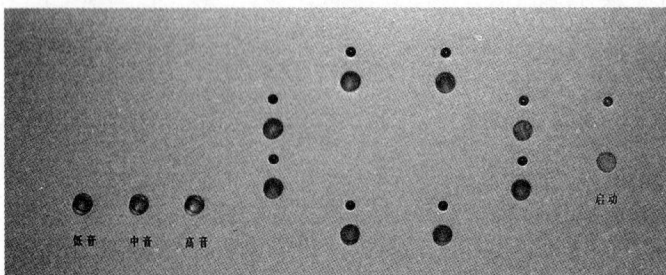

3个声信号操作键：听到低音按"低音"键；听到中音按"中音"键；听到高音按"高音"键。

8个光信号操作键：依据红灯亮位置按下对应操作键。

光信号灯：红灯亮为光刺激。

工作指示灯：灯亮表示工作态；灯闪烁表示规定时间内完成了一项操作，中间休息；灯灭表示一组实验完成。

启动键：与主试面板一致，为开始测试键。

5．操作步骤

(1)插好电源插头，开"电源"开关，电源指示灯亮。

(2)按"定时"键设定工作时间。

(3)按"方式"键设定工作方式。

(4)自检(试音，试光)：主试设定方式"0"，按"启动"键，开始"自检"，被试者分别按压三个声音按键，细心辨别三种不同音调；分别按压8个光按键，对应发光二极管亮。每按下一键，数码管相应显示一组数值。检测仪器是否正常。

(5)注意分配实验：主试设定方式"1—7"。

① 被试者按启动键，工作指示灯亮，测试开始。

② 二声反应(方式1)：出声后，被试依声调用左手食指和中指分别对高、中二音尽快正确反应。

③ 三声反应(方式2)：出声后，被试依声调用左手食指、中指、无名指分别对高、中、低三音尽快正确反应。

④ 光反应(方式3)：出光后，被试者用右手食指尽快按下与所亮发光管相对应的按键。

⑤ 二/三声与光同时反应(方式4/5)：左右手依上述方法同时反应。

⑥ 测定Q值(方式6/7)：二/三声反应、光反应、二/三声与光同时反应三项实验连续进行，最后自动计算出注意分配量Q值；每项实验完成后，中间将休息，启动灯闪烁，按"启动"键，实验继续。

⑦ 当工作指示灯灭，表示规定测试时间到。

⑧ 测试过程中，将实时显示正确或错误次数，显示正确次数，相应"正确"指示灯亮；显示错误次数，相应"错误"指示灯亮。"方式4或5"声光组合实验，显示正确或错误次数时，声为显示方式"4或5"，光为显示方式"4.或5."，即光有小数点以示区别。

(6)查看被试测试成绩

每次组实验完成后，按"次数"及"方式"键，可查看被试测试成绩。

① 声或光单独实验(方式1、2、3)：按"次数"键，查看正确或错误次数。

② 声或光组合实验(方式4、5)：按"方式"键，查看声或光的数据，声方式显示"4或5"，光方式显示"4.或5."。按"次数"键，查看对应的正确或错误次数。

③ 测定Q值实验(方式6、7)：按"方式"键，可以查看每项的实验数据，对应方式显示为1/2(声)—→3.(光)—→4/5(声光组合中声)—→4./5.(声光组合中光)—→6/7(Q值)，依次循环。按"次数"键，查看对应的正确或错误次数。显示Q值时，按"次数"键

无效，相应指示灯全灭；当 Q 值>1.0，注意分配值无效，显示"—.— —"。

（7）每组实验完成后，重新开始前，必须按"复位"键。

自我认识实训四

情商仪器实验

学习迁移测试实验

实验目的：本实验是用于心理因素性实验类的学习、前摄、倒摄抑制的实验，以研究学习的过程。同时测量被试视觉、记忆、反应速度三者结合能力。根据测试被试者的学习过程，可判断被试者对何种图形和数字以及语言记忆最深刻，以及分析有何影响可对学习过程产生影响来提高消费者对产品的识别和记忆程度。

实验人数：视实验仪器台数而定。每台仪器可供 4~6 名学生一组开展实验。

实验时间：30 分钟。

实验仪器：学习迁移测试仪（BD-II-406 型）

实验过程详解

1. 实验原理

研究学习迁移常用的实验方法有前后测验法和继续学习法。前后测验法的一个缺点在于只能检查 A 对 B 的最初阶段之影响。为了检查 A 对 B 的整个学习过程的影响，则常把在练习 A 后对 B 之测验改为对 B 之学习，继续学习法的实验具体安排如下：

学 A 与学 B；A 和 B 为难易相等的材料。这样，因 A 和 B 难易相等，只需看看后学 B 是比学 A 容易些还是难些即可检查出 A 对 B 之影响如何。只用难度相等的作业进行实验，对学习迁移的研究范围必然有所限制；如用两组相等的被试，则可研究任何学习对另一学习的影响，也就是说，研究的范围可以扩大。这样实验的具体安排如下：

实验组：先学 A，后学 B

控制组：学 B

这样，比较两组学 B 之结果即可看出 A 对 B 的影响。

如果两种学习的难易不等，两组被试的学习能力也不相等，则研究学习迁移的实验可作下面的安排：

第一组：先学 A，后学 B

第二组：先学 B，后学 A

这样，把两组先学的结果加起来（C），再把两组后学的结果加起来（D），把二者加以比较，即可看出两种作业彼此有何影响。如以学习达到同一水平所需要的时间为指标，则 C>D 时为正迁移，C<D 时为负迁移，C=D 时即二种作业彼此无影响。

2. 实验功能

（1）按实验要求仪器可实现一套图形符号、一套汉字符号的显示。图形符号配有两套数字编码：编码I、编码II。汉字符号配有两套字母编码，编码I、编码II。仪器一次并列显示五个不同的图形或汉字符号。被试参照相对应的编码表（见被试面板）进行回答。

(2)仪器能自动判别正确和错误，自动计分、计错、计时，并实时显示测试结果。用回答灯自动提示被试进行回答，如被试回答错，仪器响一次蜂鸣，答错灯亮。测试结果统计规则如下：

①计分规则：正确回答一组(五位编码)计1.0分，连续正确回答一个测试单元(十组编码)计10分(满分)。

②计错规则：回答过程中，一组中的任一位编码答错，计错一次。测试时累计错误次数。

③计时规则：计时单位：秒，单元测试开始时，计时开始，当连续正确回答一个测试单元时(满10分)，计时停止。

(3)仪器可随时更换测试内容：如码Ⅰ/码Ⅱ，图形/汉字，也可随时更换显示内容：计分/计时。

(4)仪器的每套编码均分成15个测试单元。在更换测试内容或被试答错及满10分时，只要按下回车键(不用先按复位键)，仪器将自动提取下一个测试单元的学习材料，不会出现显示内容与上次重复的现象。

3. 主要技术指标

(1)学习材料：设图形、汉字两种学习材料，每一种学习材料有两套编码，码Ⅰ、码Ⅱ。每套编码有750个图形或汉字符号。每五个图形或汉字随机组合成一个组，每十组为一个测试单元，每套编码共有十五个测试单元。

(2)学习材料：

①图形显示符号：＋　）　○　△　□

②汉字显示符号：日　丹　木　止　片

(3)被试面的液晶板显示图形或汉字，液晶背光可调，五个图形或汉字并排同时显示。程序控制显示学习材料的内容。

(4)仪器自动计时、计分、计错。

(5)测试结果显示方式：

①主试面的四位数码管随时显示测试过程中的成绩和最后结果。

②学习完成后，被试面的液晶板显示测试结果：分数、时间和错误次数。

(6)最大计时：99分59秒。

4. 使用方法

(1)主试操作：

①将键盘插头与被试面板上的插座连接好，接通~220V电源，电源指示灯亮。

②功能选择：主试面板上有六个功能指示灯：图形、汉字、码Ⅰ、码Ⅱ、计时、计分。加电后，仪器自动把图形灯、码Ⅰ灯、计时灯点亮，表示学习材料用图形，编码选码Ⅰ，四位数码管显示计时。如主试认为不合适，只要按动如下按键，便可方便地修改操作内容。按"学习材料"键，图形或汉字选择；按"编码"键，码Ⅰ或码Ⅱ选择；按"显示"键，计时或计分选择。

(2)被试操作：

①按一下键盘盒上的"回车键（＊）"，回答灯亮。被试按照液晶显示板上的图形或汉字，对照面板上的编码表（注意选择编码Ⅰ还是Ⅱ），按键盘上相应字母或数字键，从左到右顺序回答。如回答正确，回答灯灭，计1分，再按下回车键，仪器自动提取下一组图形或汉字，并回答。

如回答错，响一下蜂鸣，被试面板上的答错灯亮，计错累计一次，并将原来的分数清为零，而时间累计。按一下回车键，仪器又提取下一个测试单元的第一组图形或汉字，并回答。

当正确回答一个测试单元计满分10分，仪器自动长蜂鸣，表示被试学会了此套编码。液晶板上将显示被试的测试结果。

（3）主试其他操作：

①按一下停蜂鸣键，停止蜂鸣声响。

②实验结果可以按动"计时/计分"开关，分别显示被试测试时间和错误次数。或直接记录液晶板上显示的测试结果。

③可再选择测试内容或更换下一个被试，重新开始进行测试。

继续测试时，不必按复位键。按下回车键，计分、计错、计时又将从零开始。

📃 **知识拓展**

关于心智模式

赵勇来自北方，方岩来自南方，两人进入大学后被安排在同一个寝室。赵勇在生活上大大咧咧、不拘小节，方岩则特爱干净，一起生活没几天，两人就发生了口角。之后，方岩开始讨厌赵勇，哪怕对方嘴里发出一点声音，他也会觉得很刺耳。赵勇也不喜欢方岩，觉得他太小气，没有男人气概。

就这样磕磕绊绊过了一个多学期，然而有一天事情发生了变化。这天晚上，方岩和几个同学一起去校外吃饭，中途方岩感觉腹部疼痛就回到寝室休息。寝室只有赵勇在，起初他对方岩的痛苦表情不以为然，后来就发现不对了，方岩疼得满头大汗，又吐又叫。赵勇也来不及多想了，背着方岩就上了医院，一查是盲肠炎。在手术和以后住院的日子里，赵勇和寝室的同学轮流到医院照顾方岩，再以后，方岩和赵勇成了好朋友。

怎么会发生这样的情况呢？这里我们就要谈到心智模式。

所谓心智模式，就是指人们的思想方法、思维习惯和心理素质的综合反映。心智模式不是与生俱来的，它是人们从小到大各种经验的积累，并据此经过推论而得出不同的假设。心智模式植根于每个人脑海中，无法用"好"或"坏"来评判，我们只能说每个人的心智模式都有缺陷。

我们也可以把心智模式理解为一种思维定势。当我们的心智模式与认知事物发展的情况相符时，便能有效地指导行动；反之，当我们的心智模式与认知事物发展情况不相符时，就会使自己的主观构想无法实现。所以，我们要不断改善自己的心智模式，让我们能更好地完成我们的学习和工作任务。

改善心智模式意味着我们要否定或抛弃旧有的心智模式，建立对自己来说是不习惯的心智模式，同时也意味着改变我们心目中对周围世界运作的既有认知，这就首先要求我们认清自己的心智模式。心智模式测试的主题可以归纳如下：

1. 责任感测试

当代大学生基本上是独生子女，责任感的缺失成为一种普遍现象：我行我素，不顾及别人的想法、感受；遇到困难爱找借口，推卸责任；缺少付出，希望多得到……

2. 积极的心态测试

"人不会放过任何一次可以偷懒的机会"，这句话可能有些极端，却是一句很好的警世良言。无论任何组织，都需要其成员有积极的心态。

3. 接纳他人能力测试

有句话说：如果你想管理多少人，那么你一定要容得下多少人。接纳他人也是每位大学生的一个基本功。

4. 心理调节能力测试

从高中到大学，从一个环境到另一个环境，人们总有一个从不适应到适应的过程。谁的调节能力好，谁就有更多的机会学习、锻炼、提高。

5. 乐观度测试

如果你拥有乐观的心态，多看到好的一面，失望和困难都将在你面前望而却步。

6. 心理适应度测试

这是一个瞬息万变的社会，发展与变化成为时代的主题，这就要求当代大学生要有快速适应周围环境及其变化的能力。

7. 热情指数测试

一个人要充满热情，这样才能在校园里被更多的人接受。

8. 自控能力测试

有人说，21世纪人类的成功将取决于情商。自我控制是情商的一部分，作为一个大学生，我们要懂得命运掌握在自己手里，善于控制自己，才能真正掌握自己的命运。

9. 处理冲突能力测试

事情做得越多，发生冲突的可能性也越多。当今大学生也会面对各种各样的分歧、冲突，采取合理的方式积极应对是一种最好的选择。

自我认识实训五

情商实验

认识情绪波动

实验目的：证明情绪如何快速发生改变；

证明看似无关紧要的事物如何影响情绪；

此实验提供平静心情、重建情感基础的技巧。

实验人数：不限。

实验时间：25~40分钟。

实验场地：室内（需要一块空地，有无桌椅都可以）。

实验材料：活页挂图和记号笔；刺耳、令人烦躁的吵闹音乐。

实验步骤详解：

1. 与学生讨论情商（或选择其他的话题讨论）。

2. 几分钟后，打开吵闹的音乐。使音乐的音量足以让每个人听见，但不会过大。教师就像没有播放音乐一样，保持原态，不必根据音乐做出任何反应。

3. 如果有人要求停止播放音乐，平和地告诉他，音乐一会儿就停止。

4. 如果有人要求调低音量，假装照办，但实际上并不改变音量。

5. 在对情商讨论的总结中，向学生提问"认识情绪波动"材料上的 10 个问题（此时切勿发放材料。"认识情绪波动"材料详见附件二）

6. 组织学生做"环环相扣"活动，旨在增强自我觉知，降低紧张情绪。此项活动有助于重新构建情感中心，个体感到气愤、困惑或难过等情绪时颇为有效（"环环相扣"活动详见资料一）

7. 发放"认识情绪波动"材料，和学生一起评价材料最后的拓展训练活动。参与者承诺：严格按照这种方式进行并记录情绪波动，直到它成为自然习惯，发现自己能够自然而然地检查自己的情绪。

资料一：环环相扣活动

"环环相扣"这个动作连接着体内的电路，集中于注意力和紊乱能量。随着大脑和身体的放松，能量通过原处紧张状态而阻塞的区域得以循环。

要点一：坐在椅子上，左脚搭在右脚上。伸展双臂，左手腕与右手腕交叉。然后，交叉手指，双手向体内翻转。现在可以闭上眼睛，深呼吸，放松一分钟。可选项：吸气时，舌头平顶上牙膛，呼气时，舌头放松。

要点二：准备就绪后，双脚平放。十指指尖相互接触，继续深呼吸，保持一分钟。

资料二："认识情绪波动"材料

1. 最初构建关系时，你有什么感受？

2. 此刻你有什么感受？

3. 为什么有不同的感受？

4. 对音乐，你的情绪会有什么反应？它是否影响你的态度？

5. 这种变化是瞬间形成，还是需要几分钟的构建过程？

6. 音乐让你在与他人的积极互动中更开放，还是更保守？

7. 播放音乐时，你对教师有什么感受？

8. 列举音乐对你的情绪和态度产生影响的所有方式。

9. 音乐关闭时，你有什么感觉？

10. 音乐关闭时，播放时产生的消极情绪是否会随即消失了？

11. 思考人生的一种情景：你感到很好（或很糟糕），某件事或新信息突然让你的情绪发生巨大的变化。发生了什么变化？它对你与他人的人际交往程度产生了什么影响？

📋 拓展训练

平时完成这项训练活动。

在特定的时刻，停下来，检查你的"情绪波动"，记录实时发生的事情。

1. 确定白天和晚上进行"情绪波动"检查的具体时间；

2. 在笔记本中定期记录你对下列问题的反应：

你现在感觉怎么样？

你什么时候开始有这种感觉的？

你为什么有这种感觉？原因是什么？

此项实验的效果：

加深对情绪变幻莫测的特性的认识；

深入理解次要事件如何影响情绪；

深刻察觉改变的情绪如何影响人际交往；

掌握重建情绪为核心的技巧。

此实验中，教师引进一种令人感到烦躁的刺激性影响力。这种影响力停止后，向学生提问在关注"刺激干扰"期间情绪发生了何种变化。教师将带领学生进行平静的形象化过程。最后，要求学生思考整个体验过程，并联想如何在生活中管理情绪。

自我认识实训六

情商实验

认识不良情绪

实验目的：分析引起不当行为的情绪。

实验人数：不限。

实验时间：35~50分钟。

实验场地：室内（需要一块空地，有无桌椅都可以）。

实验材料：活页挂图和记号笔；钢笔。

实验步骤详解：

1. 向学生分发"认识不良情绪"材料和钢笔（"认识不良情绪"材料见后）。

2. 要求学生回想一个重要情景（要求尽可能距离现在的时间很近），他们对自己的行为方式感到懊悔。然后要求他们简要描述他们尤其对哪方面感到懊悔。

3. 要求他们在"认识不良情绪"材料的步骤2和步骤3中写出在上述情景中的感受，如恐惧、焦急、快乐、尴尬及产生此种感受的原因。

例如，他们受到公众侮辱。在材料步骤2和步骤3中完成：

"我感到＿＿＿＿＿＿，因为＿＿＿＿＿＿＿＿＿＿＿＿＿＿＿＿＿＿。"

例如：我感到很蠢，因为我提问的时候没有人主动回答。

4. 在材料步骤4和步骤5中，让学生写出他们是如何应对那些感受的。

5. 按照步骤6，要求学生写出，如果一切进展顺利，他们会有什么感受。

6. 让学生回想，并尽力推断周围人此刻的感受。其他人是否知道他们的感受？学生们依靠什么做定论？通过思考反思，他们是否认为自己对此情景做出了正确的评价？

7. 要求学生尽量客观地评价自己的决策，在活页挂图中记录他们的想法。他们是否觉得仿佛处于压力下？他们能否可以更好地控制冲动以助于情绪的自我觉察？怎么做？

8. 团队汇报总结。要求学生讨论他们通常最关注什么，而不是身体器官的暗示，将答案写在活页挂图上。例如，工作中的多数时间，我们关注智力的、象征性的、口头的问题。增强对身体内部状态的敏感度要求我们"转换头脑"、放慢速度、有意识地关注潜意识加工的感受输入。提问是否有人愿意和团队分享他们的顿悟，切勿强迫学生完成此项任务。

资料："认识不良情绪"材料

1. 最近，你是否懊悔，自己在某种情景中本不该那么表现或反应，并进行情景描述。

2. 上述情景中，你有什么感受？

恐惧的

自卫的

焦虑的

快乐的

以积极的方式感到尴尬，例如，某人称赞你，对此你很高兴，觉得恰如其分，当之无愧

以消极的方式感到尴尬，例如，你当众受辱

其他

3. 为什么有此感受？

4. 你对步骤2中列举的感受如何反应？

完全摆脱了这个情景

留在这个情景中，但尽量引导人际交往朝不同的方向进行

留在这个情景中，假装意见一致

恶语伤人，身体冒犯

诽谤他人

尽量和他人坦诚交流

其他

5. 当出现你提到的那种感受时，你的身体做出如何反应？

双臂胸前合抱

咬紧牙关/咬紧牙根下颚

出汗，包括嘴唇、眉毛、腋下、头皮、手掌心

抽搐

用脚敲地板

用手指敲打

胃痉挛

其他

6. 如果你注意到了步骤4中的反应或步骤5中的身体暗示，未来你将采取什么不同的表现方式？

此项实验的效果：

进一步掌控情绪的瞬息万变；

了解情绪驱动行为的过程；

识别情绪变化的暗示。

此实验中，先由学生对自己的行为方式感到懊悔的情景进行界定，确定什么是不适当行为，并回想在产生此种行为的时刻经历了什么样的心理变化。

知识拓展

情商的"亚健康"状态

有的人能左右逢源、迅速成功，而有的人蹉跎度日、一事无成。这是为什么呢？寻其原因，大都出在情商上。低情商导致你的精神状态处于"亚健康"状态，也就与成功无缘了。

情商低下，主要有以下几种情况：

1. 把能力建立在他人认同的基础上

有的人臣服于别人的评价，那些好为人师的先生们要你做你并不想做的事情、指点你所应该采取的工作方式以及在私生活中你应该采取的做法或态度。他们经常会在不知不觉中，扮演着想要影响你的角色。

遇到这种情况，你可以分析一下你最近刚做完的某一项决定。想一想你是否选择了你真正想要的事物，而有没有受到旁人的意见左右呢？或者是，你是否总是根据他人的意愿行事而不做选择呢？

老梁初到机关时，才22岁，大学刚毕业。在那时，真够气派的。领导当然重视，老梁一进来，就让他做了秘书。

梁秘书果然称职，写起报告、总结、典型材料来，洋洋洒洒，又快又好，深得领导赏识。领导是南下老干部，炮筒子里爬出来的，他心里常想，单位一日不可无我，我一日不可无梁秘书啊。因而对梁秘书关爱有加，梁秘书受此礼遇，十分感激。

梁秘书勤学苦练，几年下来，笔力果然锻炼得炉火纯青。于是，"笔杆子"的美誉，就在机关传开了。

几年后老领导退休，新领导上台，该升的升，该贬的贬。老梁当了办公室的副主任，主持工作。办公室同时进了一名刚毕业的学生做秘书。学生刚出道，笔力嫩着呢，加上没摸透领导的性格，写出来的东西乱七八糟，改都没法改。领导就常让老梁操刀重来。为静心写材料，老梁就常常不坐班，躲在家里写。机关办公室事多，头儿不在，办起事来就不方便。领导考虑了一下，决定成立个行政科，让小青年负责，以此来减轻老梁的担子。于是，主持工作的梁主任，实际上又回到了秘书工作岗位。

过了几年，领导提升了，又来了新领导。新领导一到单位，就握住老梁的手说："笔杆子，久仰久仰。"他了解了一下办公室人员的情况，发现这秘书岗位，少了老梁还真不行。加上他觉得那学生做得还不赖，于是干脆就提他做了主任，老梁呢，还做秘书——谁叫他是笔杆子呢。

笔杆子老梁从此就成了机关雷打不动的秘书，从叫小梁一直到叫老梁，几十年光阴，全在那方格纸上度过了。看到办公室的同事一个个走出去，升上来，老梁心里不是滋味。

有时听到别人恭维他是笔杆子时，他恨不得把手中的笔折成两段。但他工作起来还是一丝不苟，写起材料来依然花团锦簇，他不为别的，为的只是保住那"笔杆子"的名声。

有一天，老梁看到一则故事：一个车技很好的司机，几十年来一直给领导开车，总提不上去，而车技差的，都被领导派去做行政工作了。老梁于是受到启发，此后给领导写讲稿、写总结时，总是前言不搭后语，条理不清。领导提醒甚至批评了他几次，他依然如此。领导便想：梁秘书只怕是老了，思维呆滞了，正好，机关要精简一批人，何不把他裁掉呢？

于是做了几十年秘书的笔杆子老梁，就理所当然地被裁掉了。这个结局，是老梁绝对不会料到的。

2. 对自己的潜能做了偏低的估计

认识自己，心理学是叫自我知觉，是个人了解自己的过程。在这个过程中，人更容易受到来自外界信息的暗示，从而出现自我知觉的偏差。

在日常生活中，人既不可能每时每刻去反省自己，也不可能总把自己放在局外人的地位来观察自己。正因为如此，个人便借助外界信息来认识自己。个人在认识自我时很容易受外界信息的暗示，从而常常不能正确地知觉自己。

心理学的研究揭示，人很容易相信一个笼统的、一般性的人格描述特别适合他。即使这种描述十分空洞，他仍然认为反映了自己的人格面貌。曾经有心理学家用一段笼统的、几乎适用于任何人的话让大学生判断是否适合自己，结果，绝大多数大学生认为这段话将自己刻画得细致入微、准确至极。下面一段话是心理学家使用的材料，你觉得是否也适合你呢？

你很需要别人喜欢并尊重你。你有自我批判的倾向。你有许多可以成为你优势的能力没有发挥出来，同时你也有一些缺点，不过你一般可以克服它们。你与异性交往有些困难，尽管外表上显得很从容，其实你内心焦急不安。你有时怀疑自己所做的决定或所做的事是否正确。你喜欢生活有些变化，厌恶被人限制。你以自己能独立思考而自豪，别人的建议如果没有充分的证据你不会接受。你认为在别人面前过于坦率地表露自己是不明智的。你有时外向、亲切、好交际，而有时则内向、谨慎、沉默。你的有些抱负往往很不现实。

可见，认识真正的、具有个性的自己是一件很难的事情。

毫无疑问，这个世界上的失败者，都认为自己的能力不足，认为自己将会在人生竞赛中失败，认为生命中的种种美好快乐的事物，都是无法掌握、无法企及的。

每天都有数以万计的富有创意、有价值的主意被人想出来。但是，有的人总认为自己脑筋里面想出的东西一定不值钱，别人的创意就非常难得而有价值。一般人都很容易犯了这个错误而不自知。这样，我们在夸大他人智力的同时，低估了自己的智力和实力。

3. 无法有效地"掌握和控制其他人"

成功是需要充分发挥"影响他人"的能力的，如果仅仅靠自己，你就无法发展这项能力了。

在今天这个复杂的社会中，要有能力去说服别人，使他们认同你的观点，跟你站在同一立场、一起同心协力并肩作战，这样你才能出人头地、获得更高更重大的成就。可惜的是，几乎每一个人多多少少都会反问自己："那跟我又有何干?"而不是"我还能为其他的人再做些什么事情呢?"

孙锋与刘华同时担任公司的项目协调员，两人的项目设计均思维缜密、考虑周到，按理说在水平上旗鼓相当，但偏偏孙锋被提拔为项目经理。

刘华想不通，每次讨论他设计的项目，大伙都提不出什么意见来。偶尔有人说点什么，刘华都据理力争，一二三四的，说得对方无言以对。虽然大家都认为他说得有理，但总觉得他有点得理不让人的清高自傲。特别是有时领导极有风度地点拨其项目中的某些缺陷，刘华则显得欠沉稳，急呼呼地抢白领导的话，辩解又有点过多，弄得领导脸面上有点看不出来但能感觉得到的难堪。

孙锋则不，讨论他的项目时，尽可以畅所欲言，每个到会的人，不管水平高低，都愿意献出自己的一家之言。孙锋谦虚豁达，对每个人的话，都做认真的记录，即使有个别极不对自己思路的意见，他也做出一副洗耳恭听、兼听则明的姿态。特别是领导的指示，他十分认真地聆听，并一个劲地点头。最后，修改过的项目书，必定是融会贯通，但又能以领导指示精神为纲的项目。参加孙锋的项目讨论会，大家都有畅所欲言的机会，也都有显示自己真知灼见的成就感。当然，太出格的建议，孙锋是弃之不取的，但他记着下一次有机会，一定吸收该建议者的一些合理意见，以求平衡。

人们平心而论，刘华的确是有水平的，但也深知他即使浑身是铁，也打不了几颗钉，况且他那锱铢千金的护犊子气量，实在让人觉得别别扭扭的。所以，在讨论提拔谁担任项目经理这个职务时，几乎所有的人都一致推荐了孙锋。

怀才不遇的刘华愤然跳槽。过了两年，听说刘华又跳槽了，而孙锋则春风得意马蹄疾，听说即将走马上任公司主管工程项目的副总经理了。

第三章
自我控制能力实训

✍ **案例导入** ────────────────────────────────────

冲动是魔鬼

愤怒是很多人在生活中经常会遇到的情绪，它是一种正常的生理反应。但是，它归根到底仍然只是内在于我们自身的力量，我们应当成为自己情绪的主人，而不是被它所主宰。

与炽热的爱一样，愤怒可能是最强烈的情感之一。愤怒一旦运用不合适，就会成为最具破坏性和最恐怖的情感，它往往使人失去常态，做出愚蠢的举动，造成意想不到的后果。

在美国的阿拉斯加，有一对年轻人结了婚。婚后生育时，太太因难产而死，遗留下一个可怜的孩子。男人忙于生活，又忙于工作，没有人帮忙照看孩子，就养了一只狗。那狗聪明听话，特通人性，能帮男人照看孩子，孩子饿得哭了，它就咬着奶瓶给小孩喂奶。有一天，男人有事出去了，就让那只狗照顾那个孩子。

男人到了别的村子，下了大雪，回家的道路被封住了，当天他就没有回来。第二天才急匆匆地赶回来。狗听到男人进门的声音，就立即摇着尾巴跑过去。可男人在打开房门的瞬间看到墙壁上地板上到处都是血，床上也溅满了血迹，孩子不见了，狗浑身上下也都是血。男人见到这种情况，脑袋"嗡"地一下就大了，马上就意识到是那只狗兽性大发，把他的孩子给吃掉了。盛怒之下就拿起厨房的菜刀，对着狗的头一阵猛劈，把狗杀死了。之后他听到了孩子的哭声，见到孩子慢慢地从床底下爬出来，并且浑身是血，但是并没有受伤。男人很奇怪，这是怎么回事呢？再看看狗的身上，腿上少了一块肉。然而在床的另一边，他看到了只狼，嘴里还咬着一块肉。原来，是那条狗救了小主人，却被主人误杀。这真是一场可悲的冲动！

这就是冲动的代价，因为自己的冲动而杀死了保护自己亲人的动物。悲剧一旦酿成将无法挽回，所以，在情绪特别激动的时候，一定要用自己的左手握住右手，告诉自己，不要冲动，事情的结局或许不是这样的，经过短暂的思虑，理智将会把冲动化解。

人的复杂情绪中，愤怒是最可怕的"暴君"，它与单枪匹马的理性相抗衡。一旦愤怒占了上风，就会产生破坏性后果。愤怒行为不仅会伤害他人，也会伤害自己。

所以，一个人必须学会自我控制，这样才能积聚力量奔向成功。

第一节　自我控制概况

一、自我控制的概念

1. 情绪与身体健康

人的情绪不仅能够影响人的心理状态，也能够影响到人的生理活动。比如：高兴时，心理状态良好，会眉开眼笑；伤心时，心理会悲观失望，痛哭流涕，眼部肌肉紧缩；气愤时，心理状态会失控，横眉张目，咬牙切齿；害羞时，心灵之窗会自动半掩，血流加速、面红耳赤……

同样，一个人的生理状态的好坏也会对情绪产生影响，身体健康则不容易产生消极情绪，身体不适则容易情绪低迷或消极。比如：一个人如果前一晚睡眠充足，早上醒来的时候他的心情会很好，甚至可能哼着歌洗脸、梳头；一个饱受饥饿折磨的人，很难快乐；同样，一个生命垂危的人不会兴高采烈、信心百倍。

生活中，身体健康与情绪相互影响的例子也比比皆是。

美国曾经发生过一起骇人听闻的案件，一个原本性格随和、温文尔雅、待人有礼，与身边的人相处融洽的青年莫名其妙地用枪把自己的家人打成一死三伤，随后，又跑到大街上，用冲锋枪攻击路人，酿成死伤 30 多人的惨剧。

警方将其击毙后，做结案时，一直找不到他的犯罪动机。后来，一位法医专家找到了原因：在这名青年的颅内长了一个肿瘤，进而引起了大脑的情绪功能组织的病变，进而使他的情绪变得暴躁、冲动，成为了一个嗜血的杀人魔头。

身体的健康状况会影响到情绪的好坏，同时，人的情绪也能够通过影响人的心理状态来对人的身体健康产生作用。

心理学家巴甫洛夫为了研究情绪与健康的关系，做过这样一个实验：

他给狗看两种图形：圆形和椭圆形。给狗看圆形时，同时给它一份食物；给它看椭圆形时，同时电击它一下。若干天以后，狗就形成了条件反射：见到圆形，就摇头摆尾、流口水、十分高兴；见到椭圆形则紧张害怕，准备逃避。

后来，巴甫洛夫将圆形一点一点地向椭圆变，将椭圆形一点一点地变圆。起初狗还能分辨，并做出相应的反应。然而，当这两个图形越来越相近，以致难以区分时，狗就开始惶恐不安，无所适从，在笼子里四处乱转、大声号叫、厌食、肌肉痉挛、呕吐。一段时间以后，狗出现皮肤干燥、脱屑、脱毛、溃疡等症状，甚至身体还开始长出各种肿瘤，比如甲状腺瘤、膀胱癌、肺癌等。

从上面对动物的实验中，我们可以看出长期地惶恐不安促发了身体病变的发生。情绪与身体健康有着密切的关系。良好的心理状态能对人体的生命活动起到良好的促进作用，可以增强免疫力，使人健康长寿，而消极的心理状态会对人体的生命活动产生消极影响，甚至会造成身体状况恶化。

美国著名家庭经济学家海伦·科特雷克研究发现，负面情绪影响体内营养素的吸收和利用。科特雷克认为，经常在紧张情绪状态下生活的人，心跳加快，血流加速。这种加大负荷的运行，必须消耗大量的氧和营养素。而且，处于紧张状态下的人体器官，特别是全身肌肉，在消耗比平时多出 1~2 倍营养素和氧的同时，又会产生比平时多得多的废物。要排除这些废物，内脏器官得加紧工作，又必须消耗氧和营养素，从而造成恶性循环。

中国古代也有很多关于情绪影响健康的说法，比如"内伤七情"说，认为当人的"喜、怒、忧、思、悲、恐、惊"七种情绪过度时，就会产生生理疾病。《黄帝内经》中就有"怒伤肝"、"思伤脾"、"忧伤肺"、"恐伤肾"的记载。

现代医学对此也做出了详细的解释。专家们通过研究发现，当人的心理状况不好时，体内的内源性皮质类固醇含量会增加，从而使 T 细胞的机能下降，同时对免疫球蛋白产生抑制，干扰白细胞活动，降低抗体活动能力；使身体的免疫力下降，从而导致疾病发生。较长时间处在抑郁中的人，因中枢神经系统指令传导受阻，胃中消化液分泌大量减少。缺少消化液对胃壁的刺激，人的食量会锐减。由于消化液减少，缺乏消化酶对营养素的分解化合，有时虽不发生腹泻，也难使营养素在体内消化吸收。由于体内营养素缺乏，身体会发生种种生理不适，而这些生理不适，又会加重其心理不适，使抑郁更为严重，从而也造成恶性循环。

根据身体和情绪的这些对话，我们不难看出：积极的情绪状态可以增强人的抵抗力，消极的情绪状态则会对身体构成一定的伤害。因此，即使只是出于对健康的考虑，我们也一定要让自己保持好情绪，用好心情来呵护我们的健康。

2. 自我控制的概念

人的情绪会受到诸多因素的影响，遇到不好的事情时，人们或低落消沉，或火冒三丈，或愤愤不平，或心烦气躁，种种消极情绪都给人带来负面的影响。因此，必须运用各种情绪管理的方法，灵活地调控自己的情绪，避免情绪给自己造成不良的影响。

自我控制是个人对自身心理与行为的主动掌握。它是人所特有的、以自我意识的发展为基础、以自身为对象的人的高级心理活动。个体的活动就其对象而言有两种：一种是针对客观世界的，另一种是针对主观世界的。个体对主观世界的控制是运用符号工具，通过自我意识从而达到对自身心理与行为的控制。自我控制水平的高低不但与其个性道德修养有关，也与其人际关系状况有关，并直接影响人际关系的维护和发展。

一般来说，对自我控制概念的理解至少可以从两方面入手，一是传统描述的自我控制；二是把自我作为动因的自我控制。这两种理解代表了对自我控制的不同研究方向，也代表了对个体意志力的两种阐释。

传统上，人们认为自我控制是当两个行为发生冲突时，个体采取社会所能接受的、而不是社会不能接受的行为方式。例如，一个两岁的孩子伸手去抓烫的铁锅，妈妈说："别动！"孩子就乖乖地把手缩了回来。这种情形重复多次后，孩子就慢慢地不靠近烫的锅、碗了。在这个亲子关系的互动中，母亲起了重要作用，她培养了孩子适应社会需要、使他们逐步控制自己的行为，并作出社会能接受的选择，这对日后人际关系的建立与发展非常重要。但影响社会接受或不能接受的行为方式的心理变量十分复杂。首先，奖惩常被用来鼓励适当行为和阻止不适当行为。这种奖惩可以是肉体的，如父亲因孩子与同学打架而揍他一顿；也可以是心理的，如爱的给予或爱的收回。两种奖惩都会影响个体行为方式的选择，其结果是对其人际关系和社会化过程发挥作用。其次自我控制涉及许多认知变量。就学前儿童而言，他必须抓住因果关系并记住什么样的行为会受到奖励，什么样的行为会遭到惩罚，以便把这类经验迁移到目前的行为情境中，对自己发生越来越复杂的指令，实现内在控制。有时，他们会在行为前停下来思考，虽然此时行为的时间拖延了，但他们的行为已驶入社会普遍接受的航道了。最后，人际信任在自我控制要求延缓满足的情况下起着重要作用。父母的指令"等一等"就是一种延缓满足。如果父母对孩子许诺的奖励言行一致，会增加人际信任，否则，会出现人际不信任的情形，亲子关系就会出现障碍。此外，替代满足能使个体在遭到禁止的情况下转移目标，以缓解挫折感，继续保持社会所许可的人际关系和行为方式。例如，父母和老师禁止一个初二年级的男生和一个女生的亲密往来，于是这个男生就有可能和其他同学的交往增多。这诚如 Karoly(1977)指出的，自我控制使个体能够为了理想的长远目标而抵御眼前快乐的诱惑或承受眼前的不愉快。

另一种对自我控制的理解，是把自我作为动因的自我控制。最早对此进行论述的是 R. W. 怀特(R·W·White, 1959)的"动机的再考察：能力概念"一文。例如，一个 8 周的婴儿的枕头下放置一个电动仪器，使其控制婴儿头顶上的活动玩具，当婴儿压迫枕头的另一边时头顶上的活动玩具便开始手舞足蹈，于是婴儿就不断转动头，并快乐地笑起来。这便是典型的对环境施加影响。如果这种影响成功，个体便会觉得自己是促使环境变化的动因，反之，就会产生一种无助感。怀特认为，这一较新的自我概念与社会接受行为与社会不能接受行为之间的选择没有什么联系，而是与儿童能够控制命运的情感有关。强调自我作为动因的自我控制并没有包含传统描述上那么多的变量。影响变量主要是探求的欲望和控制的需要。儿童不仅想做自然环境的主人，而且也希望能控制社会环境。例如，年龄越小的儿童越固执地要求他人(尤其是父母)对他们的注意，学术界称之为"可怕的两岁儿童"。

二、自我控制的方法

环境的剧烈变化，无比激烈的竞争，使得压力如影随形地成为现代人摆脱不了的负荷。学习与逆境共处，与压力共舞，是现代人的必修课程。无论是工作、家庭、感情、学业及人际关系，每个人无可避免地都会遭遇到不如意、不顺畅的事，面对挫折时，要相信自己，并从中学习调整自己、建立自信，尽量维持正向的思考模式。管理情绪的方法，首先是提升自我的逆境商数(Adversity Quotient, AQ)，不论遭逢什么样的挫折与障碍，总是有人可以超越逆境，愈挫愈勇；也有人却竖了白旗屈服在逆境之下。其间差异在于个人逆境商数的高低，AQ 愈高的人，身处逆境时，愈能够积极乐观，勇于接受挑战，发挥创意找出解决方案。在这充满变数的时代，无论你拥有多高的 IQ 及 EQ，还必须致力提升自我的 AQ。管理情绪的另一个重点，是必须让情绪有宣泄的出口，可以借由深呼吸安定自己的情绪，此外泡澡、听音乐、适当的运动、放空静坐等都是安定情绪的好方法。

每个人都有自己的情绪形态与模式，在愤怒之时，乱发脾气会影响人际关系，不发脾气，长期压抑又伤害自己的身心。也就是说，无论你是哪一种情绪形态，都存在一个控制与开发的问题。一个人处于青年之时，学会自我情绪控制的方法更有意义。下面就介绍几种简单的自我调控情绪的方法。

1. 数颜色法

最近，一位美国心理学家费尔德提出了一种控制情绪的有效方法，即"数颜色法"。其操作方法是，当你不满某个人或某件事而感到怒不可遏，想要大发脾气时，如有可能的话，暂停手中的工作，独立找个没人的地方，不论是办公室、卧室或是洗手间都可以，做下面的练习：首先，环顾四周的景物，然后在心中自言自语：那是一面白色的墙壁；那是一张浅黄色的桌子；那是一把深色的椅子；那是一个绿色的文件柜……一直数到十二，大约数三十秒左右。如果你不能立即离开令你生气的现场，例如正在听主管领导的批评或父母大人的教诲，那么你也可以就地进行以上练习。这就是所谓的"数颜色法"。

也许有人会问，这方法行吗？是否有点荒谬？其实这个方法大有学问。它是运用生理反应来控制情绪的一种方法。因为，一个人在发怒时，肾上腺素的分泌使得肌肉拉紧，血流速度加快，使生理上做好了"攻击"的准备。这时随着愤怒情绪的升高，注意力就转移到了内心的感觉上，理智性思考能力因而减少，某些生理功能也暂时被削弱。通过运用"数颜色法"，强迫自己恢复灵敏的视觉功能，使大脑恢复理智性思考。因此，当你数完颜色时，心情就会冷静一些，这时再想想，你该怎么应付眼前的情况？经过这一短暂的缓冲，你就能以理智的态度去对待。所以，此种方法特别适合于暴躁型的人控制自己的情绪。

2. 记情绪日记法

情绪日记不是一般的日记，记的是每天自我情绪的情况。即每天发生了什么事，我有什么感觉，甚至一些微小的感觉也要记录在案。这是心理学家们对控制迟钝型情绪的建议。事实证明，压抑不是解决问题的办法。因为你当时没有发脾气，克制住了自己，但愤怒的情绪仍然存在，日积月累，到最后实在压抑不住了，一旦发泄出来，就如同火山爆发，十分可怕，不但自己会受伤，对方更难以承受。这一点须特别引起迟钝型人的注意。正如人们所说的，某先生脾气很好，但一旦发起脾气可就不得了。这就是迟钝型人的情绪特点。因此，情绪日记法是迟钝型人控制自己情绪的一种有效方法。

3. 暗示调节法

自我暗示是改变自己情绪的有效方法之一。其基本的做法是自己给自己输送积极信号，以此来调整自己的心态，改变自己的情绪。具体的暗示方法有多种。

比如，早上起床时，就开始给自己暗示：今天我心情很好！今天我很高兴！今天我办事一定顺利！今天我一定有好运气！类似这样的话，要不断地给自己暗示，使自己的潜意识接受这些信号。这将对你一天的情绪有很大的影响，使你能够心情愉快、精神饱满地去从事各项工作。

4. 运动纾解法

据心理学专家温斯拉夫研究发现，最好的情绪纾解方法之一是运动。因为当人们在沮丧或愤怒时，生理上会产生一些异常现象，这些都可以通过运动，如跑步、打球、打拳等方式，使生理恢复原状。生理得到恢复，情绪也就自然正常。有的公司就是利用这一方法来消除职工的不满情绪的。如某公司专门安排了一个房间，在房间里放着公司高级主管的人体模型，当职工对高级主管不满意时，就可到此房间对着高级主管，大骂一顿或拳打脚踢一阵，发泄完了，心里感到平衡了，再回岗位继续工作。这就是运动纾解情绪法。

5. 音乐缓解法

音乐具有强烈的情绪感染力，因此也是缓解情绪的有效方法之一。对于部分人而言，当心情不佳时，听上一曲自己最喜欢的音乐，沮丧的情绪就会烟消云散。因此，建议喜欢音乐的朋友，不妨准备几盒自己最喜欢的录音带，放在身边，心情不好时就放上几曲，以此来调整一下自己的情绪。

6. 不逃避现实法

保留型或压抑型的人不会将愤怒直接发泄出来，因为他们认为："生气愤怒都是不应当发生的事怎么还可以乱发脾气呢?"所以拼命压抑自己的怒气。有些保留型的人在不高兴时，采取离开现场的方式，避免正面冲突，等双方的怒气消失了，冷静下来再说。多数人可能认为，这是一种很好的制怒、避免冲突的方法，其实并非如此。因为即使自己一言不发，也在进行着沟通，自己的肢体、表情已经显示出自己的态度。有时不吭声，比吭声更气人。

例如，因某事你对某人正在发脾气，火冒三丈，对方却极不高兴地说："对不起，我先走了。"此时，你并没感到对方真明事理，想给双方冷静下来的时间。相反，你觉得对方是在向你宣告"你根本不值得理睬"，而且还感觉受到对方"不屑一顾"的羞辱。又如，夫妻争吵时，如果有一方突然起身、用力地甩门而去，这种临时逃避，并不能解决彼此间的愤怒，而只是将问题延后。

专家们研究证明，许多人在离去的当时，或许庆幸自己避免了一场风暴，但事后再与对方见面时，虽然时过境迁，仍很难寻找到解决之道。尤其是在逃离现场时，不是在一种心平气和的状态下，不但不利于解决问题，反而会使问题更加严重。

因此，专家们建议习惯逃避的保留型情绪的人，若要解决情绪问题，不妨训练自己在发生问题时，强迫自己慢慢拉长在现场的时间，每次增加一点，由原先的两秒改为一分钟、五分钟、乃至十分钟，延长自己面对负面情绪的时间。注意，这里让你延长在场时间，并不是让你留下来大发脾气，同对方对着干，以言相对，你给我一拳，我给你一脚，将斗争继续升温；而是让你留下来，采取数颜色法或暗示调节法来恢复平静理智；或者提醒自己，离开不是最好的方法，因为问题仍然存在，与其不理性地离去，不如留下，好好正视问题，与对方理性地沟通、讨论或许更好。更何况忍气吞声久了，很容易造成自己身体上的不适，那就更划不来了。

7. 注意力调控法

人的注意力，好比一台摄像机的镜头，问题是将镜头对准事物的哪一部分。事物的本身有好有坏，对准好的一面令人欢欣，对准坏的一面令人沮丧。这方面的事例，在日常生活中到处可见。要想控制注意力，最好的方法便是借助于提问题，因为你提出什么样的问题，脑子便会寻找有关的答案，也就是说，你寻找什么，就会得到什么。如果你提出的问题是：这个人为什么这么讨厌？这时你的注意力便会寻找讨厌的理由，也不管这个人是不是真的讨厌。相反，若是问道：这个人怎么这么好？这时你的注意力就会寻找好的理由。同样是对方的一句话，在寻找讨厌的理由时，这句话就是坏话，没安好心；在寻找好感的理由时，这句话就是好话，肺腑之言。你看，差别如此之大。其根源就差在一个点上，这一点就是你的注意力。所以，改变我们情绪最有效且最简单的一种方法，就是改变我们的注意力。

当你情绪不佳时，把注意力调整到你过去的光辉之处，来一段美好的回忆；当你对某人有看法时，把你的注意力调整一个角度，看看此人对你好的一面；当你对某事有反感时，把你的注意力调整一百八十度，看看事物的另一面。这样也许能改变你的情绪，使你的心情更加愉快，使你的生活、工作、学习更加顺利。

8. 自我平衡法

有些人的得失心特别重，也就特别容易焦虑、害怕、紧张、恐惧，而且对这些情绪无法控制，所以常因一些工作上小的失误，而感到沮丧、自责，认为自己无能，一无是处。其实，很多人或多或少都有这种情况。心理学家们认为，我们之所以对自己施以过度的压力及自责，主要因为我们的潜意识中有一种"我的过错，所有的人都看得到，而且都很在乎；我犯了错，我再也没法在他人面前抬起头来"的想法在作怪。但事实上呢，时过境迁之后，别人可能早就忘了这件事，自己却一直耿耿于怀，也许一辈子都忘不了。

如此重视，是因为视自己为世界的中心，认为世界是绕着自己转的，所以自己有一点错，就是惊天动地，不得了的大事，别人全在注意，自己的一切全完了。真的有这么严重吗？其实别人并没有把你看得那么重要，有缺点、有毛病、工作失误都是一种正常现象。你会犯错误，别人也会犯错误，彼此彼此。

得失心特别重的人另一表现，就是全盘否定自己。当自己做某一件事，其结果不理想或遭到失败时，就自惭形秽，认为自己一切全完了。这种自我否定，使自己陷入沮丧的情绪之中难以自拔，越想越可怕，焦虑、紧张、恐惧之心日趋严重，情绪越来越差。

事情真有这么严重吗？不妨请你冷静想一想，你会发现其他人和自己一样，或多或少都有过一些失败的经历，谁也不是完人。因此，失败的人，丑的人，办错事的人并不止你一个，何必为此而烦恼呢。这些行为或现象是任何人都可能发生的，无须过多地自责。只是记住，当下次再遇到这些情况时，别忘了勇敢地面对、正确地对待。这样，在日常生活或工作当中，遇到不顺利或遭受挫折时，心态就会平衡，情绪就会稳定。

📋 **知识拓展**

情绪化的特征

情绪化的确是人生的一剂毒药，任由它发展所带来的危害是巨大的。那么，这种害人行为有哪些特征、我们应该怎样去分辨呢？

1. 不理智性

人的情绪化行为受情绪支配，具有不理智性。不问青红皂白、孰是孰非就盲目行动。这样的行为是缺乏深思熟虑的，是不成熟的、不稳重的、轻率的。

2. 冲动性

人的情绪化行为是脱离个人意志掌控的，是不计后果的行为。一般点火就着，而且速度很快，就如同出栏的猛虎一般，虽然持续时间不长，但具有很强的破坏力。

3. 情景性

情绪化行为往往是受到特定的情景刺激才会发生的。比如，有人会突然暴怒失去理智，大都是因为某些人或事触到了他的痛处。那么，隐藏在痛处之下的情绪就会迸发出来四处危害。

4. 不稳定性、多变性

情绪化行为就像激发这种行为的情绪一样是不稳定的、多变的，就像暴风雨一样来得快、去得也快，而且形式多样，嬉笑怒骂皆有可能。

5. 攻击性

情绪化行为往往具有很强的攻击性，不仅是攻击外界，同时也攻击自己，比如：有人在极度愤怒的时候，会用头去撞墙等。这种攻击不仅指身体上的进攻，而且还包括言语上的冷嘲热讽，表情上的坏脸色等。

由以上五种情绪化行为的特征，我们可以看出情绪化行为是相当消极的，它容易让人变得不理智、不成熟，不利于个人发展，影响个体的身心健康。因此，情绪化行为是我们必须避免的。而一般来说，情绪化行为的根源在于消极情绪的影响，也就是说，通过控制自己的消极情绪来避免情绪化行为才是最行之有效的方法。我们应该做自己情绪的主人，才能免于被情绪化这一剂毒药所害。

第二节　自我控制实训项目

大仲马曾经说过："你要控制自己的情绪，否则你的情绪便控制了你。"

有个年轻的庄稼汉，每次碰到与人发生纠纷快要起冲突时，他便立刻冲出现场，回到自家田园旁，绕着田地房舍左跑三圈右跑三圈，跑得气喘吁吁，然后一屁股坐在家门前静坐沉思。次数多了大家都很好奇，询问他这到底是怎么一回事，他每次都笑而不答，众人也理不出头绪。由于他鲜少与人结怨，或者对人大发脾气，因此人缘甚佳，样样事情都很顺利，房子一间一间地增建，田地一直不断扩充，不到几年，早已是富甲一方的大亨，可是每次遇到不愉快的场合他仍转身就走，跑回自己的家园左绕三圈右绕三圈，后来年纪一大把了，子孙们不忍见他如此疲累，纷纷劝阻并一再请求他说明个中原因，他拗不过大家的苦苦哀求，终于揭开数十年来的秘密。

其实很简单，年轻时每次正要发火，不管谁是谁非，他总是跑回家，边跑边告诉自己："我的房屋如此简陋，田地这么少，努力都还来不及，那来闲工夫与人生气争吵？"等到有了点成就，他又这样告诉自己："我的事业都这么大了，还为这么一点小事与人争斗，肚量也未免太小了吧！老天爷已对我这么宽厚，我还计较什么、气愤什么呢？"一股似火山般即将爆发的怒气，他这么轻轻一绕就消失得无声无息，多高的智慧呀！

如何解除愤怒，让愤怒的情绪尽快远离，是幸福人生必修的课题。找一个最能够释放压力的方式吧！运动运动，流流汗，啜一杯香浓的咖啡，赏一段柔美的音乐，或者走入自然，让纷扰的人事沉淀，亦或与知心友人相伴，让真情自由挥洒，这些都不失为减压良方。

自我控制实训一

📝 情商·小·测试

你善于克制自己吗？

根据你的实际情况，对下列题目作出唯一适合你的选择。

(1)你在办公室里，为了赶一件工作而忙得晕头转向，此时电话铃却急促地响个不停，你赶忙抓起电话听筒，对方抱怨你接晚了，可他又打错了电话，这时：

    A. 你对对方的埋怨表示接受，然后告诉对方"您打错了"

    B. 你说一声"这是火葬场"，"咔嚓"挂电话

    C. 你告诉对方要找的单位，可你不是这单位的人

    D. 你说："我是××单位，请另拨号吧"

(2)当你排长队买球票等得不耐烦时，一位不速之客试图混在你前面插队，这时：

    A. 你想："反正也不是只我自己排队，插就插呗"

    B. 你吹胡子、瞪眼："自觉点儿，后边去"

    C. 你说："我倒没什么，早点儿晚点儿都行，可后边的人们有意见"

    D. 你说："对不起，你来得比我晚，是吧？大伙都挺忙，排好队也不慢"

(3)这天下午你提前下班，为了让妻子(丈夫)改善一下生活，你想在她(他)面前"露一手"，不辞辛苦地张罗起来。由于技术不熟练和手忙脚乱，菜没做好。你妻子(丈夫)回来一看，埋怨你："做的味儿不可口，火候不够，把挺好的材料浪费了。"这时：

    A. 你虽然心里很委屈，还是一声不吭地听了

    B. 你说"不好吃别吃"，随手将其倒掉

    C. 你说："我本来是可以做好的，可是由于锅不好用才做糟了"

    D. 你理解妻子(丈夫)只是恨铁不成钢，高兴地对她(他)说："这次是有点儿不成功，下次包你满意"

(4)你到一家餐馆就餐，服务员给你找零钱时少找给你两毛钱，你发现以后：

    A. 你想："算了，这样忙乱，她不承认也没办法"，便悄然离去

    B. 你气势汹汹地质问、斥责她，说她这是"故意想占便宜"

　　C. 你什么也不说，但离开时将一只杯子装进口袋，以作抵消

　　D. 你对服务员说："对不起，能否查一下，你多收了我两角钱"

　(5)你刚买回一台录像机，还没有好好使用过，你一位朋友说要借看几天，而你并不愿意外借，你怎么办呢？

　　A. 尽管心里老大不愿意，还是借给他看了

　　B. 你不但不借给他用，还对他说难听的话

　　C. 你说："咱们是好朋友，你不来借也要让你看几天，只是不巧被别人借走了"

　　D. 你说："我刚买来，看看质量好不好，要没问题第一个借给你看"

　(6)你的经理交给你一件并不属于你职责范围内的事情，虽然你对此事不熟悉，但还是费九牛二虎之力完成了。当你高兴地去向他报告时，不仅没受到赞扬，还被指责这也不对，那也不妥。这时你：

　　A. 虽然满腹委屈，但还是一句话没说，默默走开

　　B. 你不买他的账，拂袖而去

　　C. 你说："这事我也觉得不当，可科长让这样干的"

　　D. 你耐心听完他的话，找出错在哪里，今后如何改进工作，并提醒他注意态度

　(7)你的朋友当着众人的面，喊你鲜为人知的不雅"绰号"，你怎么办？

　　A. 你面红耳赤低头不语，在众人笑声中显得尴尬，无地自容

　　B. 你怒声斥责他不懂礼貌，胡说八道.

　　C. 你反唇相讥，当着众人面给他起个不雅的外号

　　D. 你向大家解释"绰号"来历，说明并没恶意，以澄清是非

　(8)你好不容易挤上公共汽车，还没站稳就被旁边的人踩了一脚，而且没有一句道歉的话，这时你怎么办？

　　A. 踩一脚就踩一脚，反正也没踩伤

　　B. 怒声斥责他，骂他"眼瞎"，并因此吵架，动武

　　C. 不动声色，到下车时回敬他一脚

　　D. 告诉他你被踩得很痛，虽说不是故意的，也应该说声对不起

　(9)你到一家餐馆就餐，要了一份价钱比较贵的菜，服务员送来后，你感到分量不足，这时你怎么办？

　　A. 你想，开饭店就是为赚钱，再说也没绝对准确，凑合吃下算了

　　B. 你端上菜找到服务员大吵大闹，指责他们故意坑顾客，发不义之财

　　C. 你一声不吭吃下，但临走时给饭店使点坏，比如把酱油、醋倒掉或把桌布弄得很脏

　　D. 你把意见详细写在意见簿上

　(10)你走在马路上，突然被一个骑自行车带小孩子的人撞着了，你怎么办？

　　A. 你想，怪不得昨晚做了个噩梦，今天自认倒霉吧

　　B. 你厉声批评他，不让他走，要他向你道歉、赔偿损失，结果把孩子吓得哇哇大哭

　　C. 你想到骑车带小孩子违反交通规则要罚款的规定，你以找民警评理罚款威

胁他

D. 你对他说："多险！差点儿碰伤孩子，往后骑车留心点儿，再说带孩子骑车也不安全"

💬 评分规则

数一数你选择了多少个 A、多少个 B、多少个 C 和多少个 D。

多数选择 A：表明你对来自外界的干扰、纠纷都持消极、退让的态度，即使属于自己的正当权益也不能予以维护，至于对周围发生的事情更是不分良莠，"睁一只眼，闭一只眼"。其实这并不是克制，而是逆来顺受，自我解脱。不了解你的人还可能以为你宽宏大度，了解你的人会认为你缺乏个性，如果你是小伙子，还可能被姑娘们认为是个"窝囊废"。

多数选择 B：表明你脾气暴躁，克制力又很差。你想怎么说就怎么说，想怎么干就怎么干，时间长了会被认为是个缺乏修养的"粗鲁汉"。在人际关系上容易出现危机，搞不好还会惹出事端。有时人们也可能敬你三分，但那并不是由衷佩服你。

多数选择 C：说明你有较强的克制力，不至于激化生活中出现的矛盾。不过你这种克制在多数情况下并不是真正意义上的控制消极情绪的锻炼，而是一种隐蔽、转移等变相发泄。与人相处天长日久，会使人感到缺乏诚意，也不够坦率，并由此对你敬而远之。

多数选择 D：说明你有很好的克制力，克制的方法好，社会效果也蛮不错。你宽宏大度、以诚待人的品格，受到人们(其中也包括起初对你怀有"敌意"的人)的尊重。在人际关系上你是个有雅量的人。

自我控制实训二

✍ 情商·小·测试

自我控制能力测试

说明：这一测试包括 15 道选择题，每题有 A、B、C 三个备选答案。请你在理解题意后，尽可能快地选择最符合或接近你实际情况的那个项目，填在问题的括号内。请注意，这是要求您填写自己的真实想法和做法，而不是问您哪个答案最正确，备选项目也没有好坏之分。不要猜测哪个答案是"正确"的或是哪个答案是错误的，以免测验结果失真。

1. 你烦躁不安时，你知道是什么事情引起的吗?
   A. 很少知道　　　　B. 基本知道　　　　C. 有时知道
2. 当有人突然出现在你的身后时，你的反应是:
   A. 感受到强烈的惊吓　B. 很少感受到惊吓　　C. 有时感受到惊吓
3. 当你完成一项工作或学习任务时，你感觉到轻松吗?
   A. 没有什么特别的感觉B. 经常有这种体验　　C. 有时有这种体验
4. 当你与他人发生口角或关系紧张时，你是否体验到自己的不快呢?

A. 能够　　　　　　　　B. 不能够　　　　　　C. 说不清楚

5. 当你专心致志地从事某项活动时，你知道这是你的兴趣所致吗？

A. 知道　　　　　　　　B. 不知道　　　　　　C. 很少知道

6. 在你的生活中，你遇到过令你非常讨厌的人吗？

A. 遇到过　　　　　　　B. 没遇到过　　　　　C. 说不清楚

7. 当你与家人或亲朋好友在一起的时候，你感到幸福和快乐吗？

A. 感觉不到　　　　　　B. 说不清楚　　　　　C. 是的

8. 如果别人有意为难你，你感觉如何？

A. 没有什么感觉　　　　B. 觉得不舒服　　　　C. 感到气愤

9. 假如你排队买东西等了很长时间，有人插队到你面前，你感觉如何？

A. 没有什么感觉　　　　B. 觉得不舒服　　　　C. 感到气愤

10. 假如有人用刀子威胁你把所有的钱都交出来，你会感到害怕吗？

A. 不害怕　　　　　　　B. 害怕　　　　　　　C. 也许害怕

11. 当别人赞扬你的时候，你会感到愉快吗？

A. 说不清楚　　　　　　B. 愉快　　　　　　　C. 不愉快

12. 你遇到特别令你佩服和尊敬的人了吗？

A. 遇到过　　　　　　　B. 说不清楚　　　　　C. 没有遇到过

13. 假如你错怪了他人，事后你感到内疚吗？

A. 不知道　　　　　　　B. 内疚　　　　　　　C. 不内疚

14. 假如你认识的一个人低级庸俗，但却好为人师，你是否会瞧不起他？

A. 不知道　　　　　　　B. 是的　　　　　　　C. 不会

15. 假如你不得不与你深爱的朋友分手时，你会感到痛苦吗？

A. 说不清楚　　　　　　B. 肯定会　　　　　　C. 不会

💬 评分标准

请你根据自己的选择，按照下面计分表算出自己的得分：

从第 1 题到第 15 题，每个选项对应得分不同，分别是：

	1	2	3	4	5	6	7	8	9	10	11	12	13	14	15
A	1	3	1	3	3	3	3	3	3	1	2	3	2	2	2
B	3	1	3	1	1	2	2	1	1	3	3	2	3	3	3
C	2	2	2	2	2	1	1	2	2	2	1	1	1	1	1

可以根据自己的分数高低，查看自己属于那种类型：

1. 敏感型(36~45分)：

这一水平的特征是能够准确、细致地识别自己的情绪，并能够认识到情绪发生的原因。但有可能会出现下面几种情况：

悲观绝望型：虽然能清晰地识别到自我情绪状态，但却采取"不抵抗主义"，被动地接受各种消极情绪，典型的将发展为抑郁症；

乐天知命型：整天总是乐呵呵的，对各种情绪采取轻描淡写的态度；

沉溺型：被卷入自己情绪的狂潮中无力自拔。

2. 适中型(26~35分)：

这一水平的特征是能够识别自己的情绪冲动，能够区分各种基本情绪，但不能区别一些性质相似的情绪。例如，不能区分愤怒、悲哀、嫉妒等不同的情绪。只是体验为"难受"，致使情绪区分模糊的原因有：

体验情绪强度不够；

不能准确地识别引发情绪产生的原因；

掌握情绪词汇的数量太少。测试结果表明大约有60%的人处于这一水平。

3. 麻木型(15~20分)：

这一水平的特征是很少有情绪冲动，对喜、怒、哀、乐等基本的情绪缺乏明确的区分。这种类型的人一般表现为冷漠无情，不能与他人进行正常的情感交流，是一种病态症状。

📵 知识拓展

米开朗基罗说："被约束的力才是美的。"我们说，被控制的情绪、情感才能够帮助你。

在20世纪60年代早期的美国，有一位很有才华，曾经做过大学校长的人，他出马竞选美国中西部某州的议会议员。此人资历很高，又精明能干、博学多识，看起来很有希望赢得选举的胜利。但是，在选举的中期，有一个很小的谣言散布开来：三四年前，在该州首府举行的一次教育大会中，他跟一位年轻女教师"有那么一点暧昧的行为"。这实在是一个弥天大谎，这位候选人对此感到非常的愤怒，并尽力想要为自己辩解。由于按捺不住对这一恶毒谣言的怒火，在以后的每次集会中，他都要站起来极力澄清事实，证明自己的清白。其实，大部分选民根本没有听过这件事，但是，现在人们却愈来愈相信有那么一回事，真是愈抹愈黑。公众们振振有词地反问："如果他真是无辜的，他为什么要百般为自己狡辩呢？"如此火上加油，这位候选人的情绪变得更坏，也更加气急败坏声嘶力竭地在各种场合下为自己洗刷，谴责谣言的传播。然而，这却更使人们对谣言信以为真。最悲哀的是，连他的太太也开始转而相信谣言，夫妻之间的亲密关系被破坏殆尽。最后他失败了，从此一蹶不振。

人们在生活中有时会遇到恶意的指控、陷害，会经常遇到种种不如意。有的人会因此大动肝火，结果把事情搞得越来越糟；而有的人则能很好地控制住自己的情绪，泰然自若地面对各种刁难和不如意，在生活中立于不败之地。如1980年美国总统大选期间，里根在一次关键的电视辩论中，面对竞选对手卡特对他在当演员时期的生活作风问题发起的蓄意攻击时，丝毫没有愤怒的表示，只是微微一笑，诙谐地调侃说："你又来这一套了。"一时间引得听众哈哈大笑，反而把卡特推入尴尬的境地，从而为自己赢得了更多选民的信赖和支持，并最终获得了大选的胜利。

缺乏自我控制力的人想必已经明白，生活在社会中，为了更好地适应社会、取得成功，你有必要控制自己的情绪、情感，理智地、客观地处理问题。但是，控制并不等于压抑，积极的情感可以激励你进取上进，加强你与他人之间的交流与合作。如果你把自己的许多能量消耗在抑制自己的情感上，不仅容易患病，而且将没有足够的能量对外界作出强有力的反应；因而一个高情商的人应是一个能成熟地调控自己情绪、情感的人。

自我控制实训三

情商仪器实验

动作稳定器实验

实验目的：本仪器是为测验保持手臂稳定能力之用，也可以间接测定情绪的稳定程度。在相对不稳定的环境中，被试者能否进行适当的自我控制，从而更好地完成实验。

实验人数：视实验仪器台数而定(每台仪器可供4~6名学生一组开展实验)。

实验时间：20分钟。

实验仪器：动作稳定器

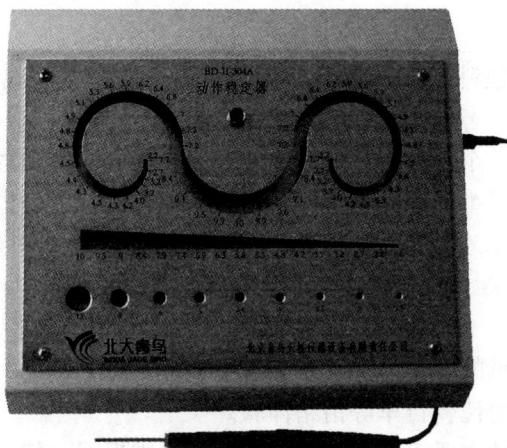

实验步骤：

将测试针的插头，插入仪器盒的右侧插座中。将测试针插入前面板之洞或槽中，并与中隔板接触，前面板上部中间的发光管将亮；将测试针与洞或槽的边缘接触，盒内蜂鸣器将发出声响。

九洞测试：令被试者手握测试针，悬肘，悬腕，将金属针垂直插入最大直径的洞内直至中隔板，灯亮后再将棒拔出。然后按大小顺序重复以上动作。插入和拔出金属针时，均不允许接触洞的边缘，一经接触蜂鸣器即发出声音，表示试验失败，只有在插入和拔出时皆未碰边才算通过。九洞测验以通过最小洞的直径之倒数作为被试手臂稳定性的指标。

曲线或楔形槽测试：将金属针插入楔形槽左侧最大宽度处或曲线槽中央最大宽度处

(必须插到与中隔板接触)。然后悬臂，悬腕，垂直地将针沿槽向宽度减小的方向平移，至最小宽度处为止，移动时不与中隔板接触。此过程中均不允许针接触槽的边缘，如有接触发生，则蜂鸣器会发出声音。以不碰边时的最小宽度值之倒数为被试手臂稳定性指标。

定量测试：（选配定时计时计数器）

将连线插头插入仪器盒左侧插座（右侧是测试针插座）中，另一头二线连接计时计数器，其中黑（或白）线与计时计数器后面板的接线柱"地"相连，绿（或红，或黄）线与接线柱"计数"相连。打开计时计数器，其使用请见"BD-Ⅱ-308A 型定时计时计数器"说明书。

九洞、曲线或楔形槽测试同上。每次实验开始时，按计时计数器"开始"键，开始计时。如金属针与洞、曲线或楔的边缘接触一次，则计时计数器计数一次。

实验可以记录下被试移动整个曲线或楔的时间及接触边缘次数，也可以记录被试在某一洞或曲线、楔某一位置稳定停留的时间，或某确定时间内接触边缘次数。

稳定性指标可用（碰边次数×时间）之倒数表示，碰边次数越多、时间越长，则稳定性越差。

🗨 知识拓展

大学生常见的情绪困扰

1. 焦虑

焦虑是个体主观上预料将会有某种不良后果产生或模糊的威胁出现时的一种不安情绪，并伴有忧虑、烦恼、害怕、紧张等情绪体验。

焦虑会明显地影响一个人的精神状态、认知、行为和身体状况，被焦虑所困扰的大学生常表现出烦躁不安、思维受阻、行动不灵活、动作不敏捷、身体不舒服、失眠、食欲缺乏等。严重的焦虑能使人失去一切情趣和希望，甚至导致心理疾病，在心理上摧垮一个人。

2. 抑郁

抑郁是大学生中常见的情绪困扰，是一种感到无力应付外界压力而产生的消极情绪，常常伴有厌恶、痛苦、羞愧、自卑等情绪体验。

情绪抑郁的大学生的主要表现是：情绪低落，思维迟缓，郁郁寡欢，闷闷不乐，兴趣丧失，缺乏活力，反应迟钝，干什么都打不起精神，不愿意参加社交，有意回避熟人，对生活缺乏信心，体验不到生活的快乐，并伴有食欲减退，失眠等。长期的抑郁会使人的心身受到严重损害，使人无法有效地学习、工作和生活。

3. 冷漠

冷漠是一种对人对事冷淡、漠不关心的消极情绪体验。

冷漠是一种个体对挫折环境的自我逃避式的通缩心理反应，它带有一定的自我保护或自我防御的性质。

4. 易怒

发怒是当客观事物与人的主观愿望相悖时产生的强烈的情绪反应。大学生正处于热情高涨、激情澎湃的青年时期，有时候激情似乎难以控制。容易发怒，便是大学生中常见的一种消极激情。有的大学生因一句刺耳的话，一件不顺心的事，就激动得暴跳如雷，或出口伤人，或拔拳相向，铸成大错。盛怒过后，却莫不后悔不迭。

5. 嫉妒

嫉妒是大学生中有一定普遍性的不良情绪。容易引起大学生嫉妒的因素主要有以下几类：外表、成绩、能力、物质条件、恋人、运气等。而那些自尊心过强、虚荣心过盛、自信心不足、以自我为中心、认知有偏差、自控力弱的更易产生嫉妒，而且程度也较一般人更重。嫉妒心会影响大学生的人际关系，造成同学间的隔阂甚至对立，同时使自己处于烦躁、痛苦的情绪中。

6. 压抑

情绪的压抑也是大学生中常见的情绪问题。相当多的大学生常常感到自己的情绪不能得到尽情倾诉。近年来大学生中流行的"郁闷"情绪即是压抑的表现。

自我控制实训四

情商·小·游戏

失　控

游戏目的：许多人希望掌握自己生活的各个方面，当事情失去了控制或者其他人为自己定下规矩要去遵守时，他们就会变得沮丧和愤怒。有些人难以控制这种愤怒，这就需要学会如何接受生活中看起来失控的事情了。本游戏可以让人们认识到自己不能控制一切，必须学会处理失控的事情，而不是向气愤和沮丧屈服。

游戏适宜人群：当事与愿违时很容易生气或沮丧的人(成年人)。

游戏人数：不限。但为取得最好的效果，以4~15人为宜。

游戏材料：一些小奖品(包装好的，组员们喜欢的小物品)、一副骰子。

游戏介绍：

在游戏开始前先收集一些小奖品，并用纸包装好。保证每个参与者都至少要有一个奖品，再加上一些额外的奖赏。把所有这些奖品放在桌上，让大家围在四周。告诉大家，这个游戏要分成两个不同的部分(第一部分完成前先不要解释第二部分)。

在游戏的第一回合，从一个人开始拿一副骰子，一次投出。如果他掷了一个双数，就可以挑选一件奖品，把它打开，放在前面的桌子上，让组里其他的人看见。如果没掷出双数，就把骰子传给下一个人，下一个人再争取掷出双数得到奖品。组里的每个人继续掷骰子，然后传给下一个人(收集双数的奖品)，直到中心的奖品被取光。最后，可能有人会有两三个奖品，而其他人一个也没有。

游戏的第二回合：这部分是计时的(对于人数较少的组大约需要5分钟，人数多的话需要约10分钟)。像前面做的那样做这个游戏，只是这一次不是在掷出双数时从中间取走奖品，而是从组里其他人那里挑选一件奖品。游戏一直进行到截止时间。这一次，还是会有一些人得到的奖品比别人多。

这是一个有趣的、有活力的活动，要做好在兴奋时大喊大叫的准备。

游戏讨论：(提示)

1. 如果"幸运之骰"老是掷不出的话你怎么做？
2. 你是否感觉已经控制了自己的生活？
3. 当你感到生活中一些事情失控或不公平时，你是如何处理的？
4. 是否有人对整个游戏感到愤怒，如果是这样，他是如何处理这种感觉的？

自我控制实训五

✏ **情商·小·游戏**

好、坏、邪恶

游戏目的：确定人们处理怒气时常常用到的积极和消极的方法。讨论关于处理怒气的各种方式，以及其会对我们的生活产生什么影响。

游戏适宜人群：以一种对自己、对别人很危险或者对财物有破坏性的方式表达怒气的人们。

游戏人数：不限。

游戏材料：3×5 的卡片或者纸片，钢笔或铅笔，3 只小盒子。

游戏介绍：

分给组里每个人一些纸片和一支笔，让他们在前方摆放三叠纸片，在其中一叠上面一张上写下"好"，第二叠写"坏"，第三叠写"邪恶"。

根据你对组员们的了解，设计一些会让他们为之气愤的剧情，而且一次读一个给他们听。或者，让组员们各自说出一个为之气愤的事情。

每读完一个剧情，每个人都要在"好"的纸片上写下一个处理愤怒的好的方式，在"坏"的纸片上写下坏的方式，在"邪恶"的纸片上写下邪恶的、应受谴责的方式。拿出三只标有好、坏、邪恶的盒子，让人们在写好之后把纸片分别放入对应的盒中。每个不同的剧情都这么做。

描述完所有情境，并且所有纸片都投进盒子里后，取出"邪恶"盒子，读出里面的纸片，一次一张。每读完一张，让人们举手表示自己曾这样表达过怒气，并描述发生了什么。此外一起讨论这种方式处理情绪的后果或益处。对于"坏"盒子也是这么做。同样地以这种方式处理完"好"盒子，游戏就结束了。

游戏结束后，我们可能发现，针对有些事情我们能够控制自己，选择好的处理方式；但是在另外一些事情上，我们也许很难很好地控制自己，从而选择了不好的甚至邪恶的处理方式，最终就可能导致不良的后果。

游戏讨论：（提示）
1. 你在活动中学到了什么？
2. 你常以好的、坏的还是邪恶的方式来表达自己的怒气？为什么？
3. 对你来说处理心中的怒气哪种方式最好？

📮 知识拓展

掌握情绪的转换器

据说一位很有名气的心理学教师，一天给学生上课时拿出一只十分精美的咖啡杯，当学生们正在赞美这只杯子的独特造型时，教师故意装出失手的样子，咖啡杯掉在水泥地上成了碎片，这时学生中不断发出了惋惜声。心理学教师指着咖啡杯的碎片说："你们一定为这只杯子感到惋惜，可是这种惋惜也无法使咖啡杯再恢复原形。今后在你们生活中发生了无可挽回的事时，请记住这只破碎的咖啡杯。"这是一堂很成功的素质教育课，学生们通过摔碎的咖啡杯懂得了，人在无法改变失败和不幸的厄运时，要学会接受它，适应它。

被称为世界剧坛女王的拉莎·贝纳尔，就是这位心理学教师的得意学生。她有一次在横渡大西洋途中，突遇风暴。不幸在甲板上滚落，足部受了重伤。当她被推进手术室，面临锯腿的厄运时，突然念起自己所演过的戏中的一段台词。记者们以为她是为了缓和一下自己的紧张情绪，可她说："不是的！是为了给医生和护士们打气。你瞧，他们不是太认真严肃了吗?"威廉·詹姆斯说："完全接受已经发生的事，这是克服不幸之后迈出的第一步。"接受无法抗拒的事实，既然是第一步，那么有没有第二步? 有。拉莎手术圆满成功后，她虽然不能再演戏了，但她还能演讲。她的演讲，使她的戏迷再次为她鼓掌。

哲人说："太阳底下所有的痛苦，有的可以解救，有的则不能，若有就去寻找，若无，就忘掉它。"大发明家托马斯·爱迪生就是一个很好的榜样。1914 年，他的实验室发生一场大火，损失超过 200 万美元，他一生的心血成果在大火中化为灰烬了。大火烧得最凶的时候，爱迪生的儿子查里斯在浓烟和废墟中发疯似的寻找他的父亲，他最终找到了。此时的爱迪生平静地看着火势，他的脸在火光摇曳中闪亮，他的白发在寒风中飘动着。"查里斯，你快去把你母亲找来，她这辈子恐怕再也见不着这样的场面了。"第二天早上，爱迪生看着一片废墟说道："灾难自有它的价值，瞧，这不，我们以前所有的谬误过失都给大火烧了个一干二净，感谢上帝，这下我们又可以从头再来了。"火灾过去不久，爱迪生的第一部留声机就问世了。

拉莎·贝纳尔和爱迪生，面对无法抗拒的灾难，能跳出焦虑、悲伤的圈子又开始一个新的里程，这就是他们的情绪"转换器"在起作用。任何人遇上灾难，情绪都会受到影响，这时一定要操纵好情绪的转换器。面对无法改变的不幸或无能为力的事，就抬起头来，对天大喊："这没有什么了不起，它不可能打败我。"或者耸耸肩，默默地告诉自己："忘掉它吧，这一切都会过去！"紧接着就要往头脑里补充新东西，因为头脑每时每刻都需要东西补充，这种补充就能使情绪"转换器"发生积极作用。最好的办法是用繁忙的工作去补充，去转换，也可以通过参加有兴趣的活动去补充，去转换。如这时有新的思想、新的意识闪现出来，那就是最佳的补充和最佳的转换。物理学家普朗克，在研究量子理论的时候，妻子去世，两个女儿先后死于难产，儿子不幸死于战争。普朗克不愿在怨悔中度过，便用加倍努力工作来转换自己内心巨大的悲痛。情绪的转换不但使他减少了痛苦，还促使他发现了基本量子，获得诺贝尔物理学奖。

自我控制实训六

情商实验

Zung 氏焦虑自评量表系统(SAS)

"焦虑自评量表分析系统"是根据 Zung 于 1971 年编制的"焦虑自评量表(Self-Rating Anxiety Scale，SAS)改编而成。该系统集心理学、精神病学、多元统计学、人工智能、计算机网络技术于一体，准确迅速地反映伴有焦虑倾向的被试的主观感受，为临床心理咨询、诊断、治疗以及病理心理机制的研究提供科学依据。本测验应用范围颇广，适用于各种职业、文化阶层及年龄段的正常人或各类精神病人。

实验要求：

1. 独立的、不受任何人影响的自我评定。
2. 评定的时间范围，应强调是"现在或过去一周"。
3. 每次评定一般可在十分钟内完成。

填表注意事项：下面有二十条文字，请仔细阅读每一条，把意思弄明白，然后根据你最近一个星期的实际情况在适当的方格里划，每一条文字后有四个格，分别表示：

A. 没有或很少时间；

B. 小部分时间；

C. 相当多时间；

D. 绝大部分或全部时间。

我平时容易紧张或着急	(A) (B) (C) (D)
我无缘无故地感到害怕	(A) (B) (C) (D)
我容易心里烦乱或感到惊恐	(A) (B) (C) (D)
我觉得我可能将要发疯	(A) (B) (C) (D)
我觉得一切都很好	(A) (B) (C) (D)
我手脚发抖打战	(A) (B) (C) (D)
我因为头疼、颈痛和背痛而苦恼	(A) (B) (C) (D)
我觉得容易衰弱和疲乏	(A) (B) (C) (D)
我觉得心平气和，并且容易安静坐着	(A) (B) (C) (D)
我觉得心跳得很快	(A) (B) (C) (D)
我因为一阵阵头晕而苦恼	(A) (B) (C) (D)
我有晕倒发作，或觉得要晕倒似的	(A) (B) (C) (D)
我吸气呼气都感到很容易	(A) (B) (C) (D)
我的手脚麻木和刺痛	(A) (B) (C) (D)

续表

我因为胃痛和消化不良而苦恼	（A）（B）（C）（D）
我常常要小便	（A）（B）（C）（D）
我的手脚常常是干燥温暖的	（A）（B）（C）（D）
我脸红发热	（A）（B）（C）（D）
我容易入睡并且一夜睡得很好	（A）（B）（C）（D）
我做恶梦	（A）（B）（C）（D）

评分规则

正向计分题 A、B、C、D 按 1、2、3、4 分计；反向计分题按 4、3、2、1 计分。反向计分题号：5、9、13、17、19。

总分乘以 1.25 取整数，即得标准分，分值越小越好，分界值为 50。

实验讨论：（提示）

1. 你觉得自己是个焦虑的人吗？
2. 你是个能控制自己的人吗？
3. 通过实验，对你认识自己并学会控制自己有什么帮助？

知识拓展

高效制怒三部曲

在完全接受了控制自我情绪的观点以后，你将会逐渐掌握控制和调整自己的情绪和行为的技巧。具体来说，高效制怒三部曲如下：

第一步，当别人的言行激起你心中的怒火时，不能允许它继续蔓延，此时，你要克制自己，冷静地对自己以往的行为进行一番回忆、评价，看看自己是否真的存在某些缺点，发怒是否有道理。

第二步，当怒火中烧时，要立即放松自己，尽量低估外因的伤害性。你可以给自己下达一个命令："我要冷静，冷静，再冷静！"目的是把激怒的情境"看轻、看淡"，避免正面冲突。当怒气稍降时，你要对刚才的激怒情境进行客观评价，反省自己的所作所为，看看自己到底有没有责任，发怒有没有必要。

第三步，把发怒由情绪中抽离，你就可以理性、冷静地看待它，思考它对你的意义，进而训练自己对愤怒情绪的控制，做到忍怒、消怒。

莎士比亚笔下的奥赛罗由于听信小人的谗言，没能冷静地思考事情的来龙去脉，而是怒发冲冠，回到家中不问青红皂白，把爱妻一剑送入黄泉。

当他觉悟时，为时已晚。最终，痛不欲生的奥赛罗也自尽身亡。

在这个世界上，最残忍的两个字就是："后悔！"为了不让自己后悔，就必须懂得控制自己的情绪，不去做令人遗憾终生的事情。如果当时奥赛罗冷静下来，做一个理智的评估，就不会做出这样的傻事了。

怒气似乎是一种能量，如果不加以控制，它会泛滥成灾；如果稍加控制，它的破坏性就会大减；如果合理控制，就有可能减少"后悔"的机会。

在社会上生存，需要一定的智慧；想要活得更好，需要高情商，而要做到这一点，首先就要具备控制自我情绪的能力。或许，你不必达到"喜怒不形于色"的境界，但是，你绝对不能让愤怒成为最具破坏性和最恐怖的情感。

📖 **阅读材料**

对大学生情绪自我控制的研究

王伟红

（资料来源：福建论坛（社科教育版），2009-6）

随着社会的发展，人们对情商的重要性产生了新的认识。社会是由人组成的，作为社会的人不可避免地要与社会中的各种个体外的因素发生各种各样的联系，因此情绪的自我控制有了新的意义。

一、情绪自我控制的概述

人生活在社会这张大网中，总是会不可避免地产生各种各样的情绪，人与人之间的相互联系需要我们处理好人与人之间的关系。在处理人际关系和提高自我的同时，情绪的控制是处理好人际关系的关键。情绪是指个体在受到某种刺激时所产生的一种激动状态。喜怒哀乐等各种情绪的存在可以起到调剂人的生活，使生活免于枯燥和乏味的作用。情绪是人的心理窗口，是人认知和行为的终结，是人格的核心心理特征。如果不加以控制而让情绪随意的产生和变化，不论是对个人心理健康还是对人与人的关系的处理，都是有着很大的消极因素。

情绪智商 EQ（Emotional Quotient）是美国耶鲁大学心理学家彼德·塞拉维及新罕布什尔大学的琼·梅耶提出来的。它指出一个人的成功80%取决于EQ，20%归属于IQ（智商）。EQ其实就是我们平时常说的非智力因素，EQ其主要内容就是自我意识和自我控制的能力，即意志和人际关系。EQ不受先天遗传的局限，它是随着人们生活经验的丰富和不断自我完善而逐渐提高的，是一种后天的习得。

情绪的自我控制在现代社会有着重要的意义，控制自己的情绪是处理好人际关系的关键，也是情商高低的一个衡量标准。情绪自我控制能力强的人一般社会人际关系比较好。并且在面对困难的时候可以冷静地面对，想出解决的策略，而不容易产生愤怒、憎恨、悲愁、焦虑、恐惧、苦闷、不安、沮丧、忧伤、嫉妒、耻辱、痛苦、不满等消极的心理因素，而对人的身体健康和心理健康带来坏处。自我控制能力强的人容易选择积极的心理因素和趋势，会正确的善待自己和他人，以一种积极的人生观和价值观来面对一切事物。著名高尔夫球手"老虎"伍兹曾告诉记者说，在2002年美国名人赛和美国公开赛上，他最后获胜的关键就是情绪控制良好。他甚至嘲笑说，很多团队花上亿美元购买新设备，其实不如少开支一点，为球员补心理课。

情绪自我控制的重要性决定于我们必须正确地面对自己的情绪，技术性的发泄情绪是培养心理健康的重要途径。大学生在经过高考之后进入大学，在大学的学习生活中逐渐迈入社会，处于一个从校园到社会的转折时期。目前，在对大学生的心理调查和教育中，可以看出大学时期也是最容易受到情绪困扰的时期。所以，研究大学生的情绪特点，懂得其不良情绪的控制方法和步骤，积极进行健康心理情绪的培养，对于大学生以积极的状态开展大学生活，在大学阶段进行自己的职业规划，促进其在社会中实现自己的理想有着重要的意义。

一、大学生情绪自我控制的现状

在大学生心理的教育和培养中，情绪的自我控制依旧不容乐观。大学生的情绪波动变化依然是比较大的，并且在生理发育趋向成熟的同时，心理也在经历着急剧的变化。

对于大学生而言，经历了由高考跨入大学校园的历程。高中三年的付出，只是为了心中的象牙塔。但是，在进入大学之后，却发现大学并不是一个理想的象牙塔。而在社会就业压力的前提下，对大学的教育有着普遍的怀疑和不满。大学生从高考的紧张中解脱出来，却一下子变得失去了头绪和目标，现实一下子变得茫然和不可捉摸。因环境变异产生较强的心理压力，自我的不断觉醒与环境产生了一定的冲突，因而产生了不安、苦闷、失落和孤独等不良情绪。另外，社会环境的积极因素在促进社会和个人发展的同时，也给人们带来许多心理矛盾和压力。高校助学金制度的改革、贷款和交费制度的实行、自主择业等都给大学生带来很大的心理压力。尤其是随着市场经济的进一步发展，人才竞争日益加剧，许多大学生也面临着在竞争中失败的危险，从而产生一种无形的心理压力，对前途表现出紧张、焦急的情绪。

（一）大学生普遍有种焦虑的情绪

焦虑是个体主观上预料将会有某种不良后果产生或模糊的威胁出现时的一种不安情绪，并伴有忧虑、烦恼、害怕、紧张等情绪体验。适当的焦虑的存在是有利于激发人的潜质和创造力的，但是纠结在焦虑的情绪中难以自拔也是情绪失控的一种反映。大学生有着做事的热情和积极性，但是，对于事情都或多或少的有着追求完美主义的心理。在自信的同时，有着担忧自己做得不够完美的心理暗示。这种暗示一旦出现在具体的行为中并加剧，则可能导致大学生产生焦虑的情绪。焦虑的情绪在无法得到排解和发泄的时候，就会伤害大学生的心理健康。大学生的焦虑主要表现在考试前后及考试过程中，这是由于对考试的紧张感、自信心缺乏，对考试结果担忧，认知障碍等因素造成的。

（二）抑郁情绪无法控制

抑郁情绪的出现跟焦虑有着相似的表现，只是抑郁是比焦虑更为强烈的一种心理情绪。焦虑在事情得到解决或者是得到他人认同的时候，会有所缓解。但是抑郁则是一种感到无力应付外界压力而产生的消极情绪，常常伴有厌恶、痛苦、羞愧、自卑等情绪体验。某些消极厌世的情绪往往都是由于抑郁而产生的。厌恶使大学生难以进行相对比较理智的思考，痛苦是一种深层次的心理体验。抑郁的情绪产生和加强，也是一种情绪自我控制能力不够强的结果。

（三）容易发怒

情绪自我控制的一个重要内容就是控制自己的怒气，不要轻易地发怒和生气。发怒是当客观事物与人的主观愿望相悖时产生的强烈情绪反应。发怒对一个人的身心健康有明显的不良影响。怒气之下的人往往是丧失了自己的理智，而以一种强烈并且恶劣的表现发泄自己情绪的一种反应。在面对客观事物与主观意愿相悖时，大学生比较容易冲动，难以控制自己的怒火。但是，发怒并不是解决问题的办法，发怒只会给自己带来更为恶劣的情感体验。易怒者所得到的不是尊严、威信，而是他人的愤怒、厌恶、更恶劣的后果和自己心绪的更加不宁。

（四）压抑的情绪

在大学生中，压抑是一种较为普遍的情绪。在个人的努力得不到他人认同的时候，在失恋等事件发生的时候，在经受考试、找工作等生活挫折的时候，大学生比较容易陷入压抑的情绪中。具有压抑情绪的人往往沉浸在孤独痛苦的内心中，情感难以尽情地倾诉。压抑感重的人常常表现出精神萎靡不振、暮气沉沉、唉声叹气，感觉活得累，丧失广泛的兴趣，与人交往和对任何事件都缺乏起码的热情，逢人便喜欢发牢骚，对别人的喜怒哀乐缺乏共鸣，长期的压抑还可能会导致心理的疾病。

二、如何提高大学生情绪自我控制的能力

一般来说，情绪的目的性恰当，反应适度，正性作用强是情绪健康的总标准。对大学生来说，情绪健康具体表现为：情绪的基调是积极、乐观、愉快、稳定的；对不良情绪具有调节、控制能力，情绪反应适度，高级的社会性情感（理智感、道德感、美感等）得到良好的发展。情绪的产生、情绪的性质以及情绪的程度都与认识因素直接有关，人可以学会对情绪进行自我调节，培养健康的情绪。

在大学生心理教育中，可以从以下几个方面提高大学生情绪自我控制的能力。

（一）正视不良情绪的存在

在面对不良情绪的时候，必须要承认这种不良情绪的存在，正确地认识和分析不良情绪的产生，并寻找克服这种情绪的办法。人之所以为人，正是因为人有着各种各样的感受和情绪。情绪的存在是一种很正常的反应。正确的面对不良情绪，可以避免不良情绪的恶化和发展。例如一个同学在英语四级总是不能过关的时候，如果一味地考虑没有过关这个事实，势必陷入自卑和焦虑的不良情绪中。要学会自我控制，首先必须认识到，英语四级没有过关是一个现实的存在，并且自己的焦虑和烦扰并不能改变这个既成的现实，所以只能想办法去克服这一点。例如可以分析是自己的基础不好，还是听力不够好等，然后找到具体的办法去克服这个不足。这样思考的话，便会将不良的情绪控制在一定的范围之内，并且还可以将这种不良情绪转化为对自己有益的一面，如对英语没有过关的事情可以转化为自己学习的动力和寻找克服不足的成长等。

（二）面对不良情绪的时候可以拖延自己爆发的过程

适度的情绪发泄对于人的心理健康是有益的，但是过于强烈的不良情绪的发泄则是一种情绪失控的表现。激烈情绪的爆发很容易带来的毁灭性的后果及对人对事的不利影响。情绪的积聚是一个长期的过程，在面对比较强烈的情绪的时候，可以采取心理暗示或者提问的方式来拖延自己怒火的爆发等。例如三分钟之后再发火的策略，在情绪即将失控和爆发的时候，告诉自己忍耐三分钟，其实是一个将激烈情绪缓和的过程。在这个过程中，对三分钟时间的忍耐使大脑有了一个理智存在的空间，在三分钟的时间里，可以将一个激烈的情绪稍微缓和下来。三分钟过后，自然怒气就消退了不少，再发怒其伤害性就会变小。

此外，还可以通过语词暗示来缓解情绪的爆发。语词暗示是运用内部语言或书面语言的形式来自我调节的方法。暗示对人的情绪及行为有奇妙的影响，既可以用来松弛过分紧张的情绪，也可用来激励自己。

（三）宽容地对待自己和别人的不足

宽容是提高大学生自我控制能力的一个重要的方面。严谨要求自我并没有错误，但是对一切都抱太高的期望，是导致抑郁和焦虑的重要因素。对自己的要严格要求，但是还要学会正确地看待自己和他人的优点和不足，以一种豁达开阔的人生观和价值观来理解人生。承认每个人都会有自己的错误，学会自我开脱和克制忍耐。在面对客观事物的时候，只要努力了，就不用太在乎事件的结果，多点宽容，不自卑后悔和自责。宽容大度的胸怀和较强的自制力是忍让克制的基础，宽容并不是不讲原则，而是能以一种豁达的襟怀理解人生，可以容忍自己和他人的不足和偶尔犯错，然后在错误中汲取教训和经验，提高自己。

四、结论

情绪的自我控制是一件有益于自我，也有益于他人的一个重要方面，情绪的自我控制关系到生活各个方面的协调和稳定发展。作为社会中的人的大学生必须要学会情绪的自我控制，才能使自己在各种情绪中激发出前进的动力和方向，使自我与社会协调发展，在学习和以后的工作生活中取得更大的成就。大学生由于其生理和心理的特征，其情绪的变化和反应都比较强烈，更要注意情绪自我控制能力的培养。

第四章
自我激励能力实训

坚信自己就是一块宝石

有一个孤儿，生活无依无靠，四处流浪。他既没有田地可以耕种，也没有金钱可以经商，他感到十分迷惘。

有一天，他走进了一座寺庙，去拜见那里的高僧。

孤儿说："我什么手艺都没有，该如何生活啊？"

高僧说："你为什么不去做些事情呢？"

"像我这样的人能做什么呢？"孤儿说。

高僧把他带到后院里一处杂草丛生的乱石旁，指着一块陋石说："你把它拿到集市上去卖吧。但要记住，无论多少人要买这块石头，你都不要卖。"

孤儿满腹狐疑，心想：这块石头虽然不错，但也不应该会有人花钱去买吧？尽管他心存疑虑，他还是带着石头来到集市上，在一个不起眼的地方蹲下来叫卖石头。可是，那毕竟是一块普通的石头啊，根本没有人把它放在眼里。

第一天过去了，第二天过去了。

第三天，开始有人来询问；第四天，真的有人过来要买这块石头；第五天，那块石头已经能卖到一个很好的价钱了。

孤儿去找高僧，高僧说："你把石头拿到石器交易市场去卖，但还是要记住，无论多少钱都不要卖。"

孤儿把石头拿到石器交易市场。三天后，渐渐有人围过来问，接着，问价的人越来越多，石头的价格已被抬得高出了石器的价格，而孤儿依然不卖。越是这样，人们的好奇心越强，石头的价格还在不断地抬高。

孤儿又去找高僧，高僧说："你再把石头拿到珠宝市场去卖……"

珠宝市场又出现了同样的情况。到了最后，石头的价格被炒得比珠宝还要高。由于孤儿无论如何都不卖，那块石头更是被传扬为"稀世珍宝"。

对此，孤儿大惑不解，又去请教高僧。

高僧说："世上人与物皆是如此，如果你认定自己是块陋石，那么，你可能永远只是一块陋石；如果你坚信自己是一块无价的宝石，那么，你就会成为一颗无价的宝石。"

人就像这块石头一样，每个人都隐藏着自己的信心，但是高情商者更容易发挥自信心。高僧其实就是在挖掘孤儿情商中的信心和潜力。就像那个孤儿一样，如果我们具有了自信心，还有什么做不到的呢？

第一节　自我激励概况

一、自我激励的含义

自我激励是指个体具有不需要外界奖励和惩罚作为激励手段，能为设定的目标自我努力工作的一种心理特征。德国专家斯普林格在其所著的《激励的神话》一书中写道："强烈的自我激励是成功的先决条件。"人的一切行为都是受激励产生的，通过不断的自我激励，就会使你有一股内在的动力，朝所期望的目标前进，最终达到成功的顶峰。自我激励是一个人迈向成功的引擎。

自我激励就是利用情绪信息，整顿情绪，增强注意力，调动自己的精力和活力，适应性地确立目标，创造性地实现目标。自我激励就是上进心、进取心，就是确立奋斗目标并为之而积极努力。

自我激励意味着"主动追求"，对一个情商高的人来说，会主动完成自己的工作，而不是等着别人来安排或督促。面对困难能够一点一滴地从事自己的工作，坚强自己的信念，而不是抱着"干得了就干，干不了就算了"的心态。自我激励意味着"开放性学习"，只有具有开放性学习品质，才能接受新的知识，不断地完善和充实自己的知识结构，而一个意识完全封闭的人，不可能有什么发展和进步。自我激励意味着"负责忠诚"，对一个情商高的人来说，会履行自己的诺言，对行为负责，而不是推诿或找借口。

二、自我激励的方法

1. 树立远景

迈向自我塑造的第一步，是要有一个你每天早晨醒来为之奋斗的目标，它应是你人生的目标。远景必须即刻着手建立，而不要往后拖。你随时可以按自己的想法做些改变，但不能一刻没有远景。

2. 离开舒适区

不断寻求挑战激励自己。提防自己，不要躺倒在舒适区。舒适区只是避风港，不是安乐窝。它只是你心中准备迎接下次挑战之前刻意放松自己和恢复元气的地方。

3. 把握好情绪

人开心的时候，体内就会发生奇妙的变化，从而获得阵阵新的动力和力量。但是，不要总想在自身之外寻开心。令你开心的事不在别处，就在你身上。因此，找出自身的情绪高涨期用来不断激励自己。

4. 调高目标

许多人惊奇地发现，他们之所以达不到自己孜孜以求的目标，是因为他们的主要目标太小、而且太模糊不清，使自己失去动力。如果你的主要目标不能激发你的想象力，目标的实现就会遥遥无期。因此，真正能激励你奋发向上的是，确立一个既宏伟又具体的远大目标。

5. 加强紧迫感

20 世纪作者 Anais Nin(阿耐斯) 曾写道："沉溺生活的人没有死的恐惧。"自以为长命百岁无益于你享受人生。然而，大多数人对此视而不见，假装自己的生命会绵延无绝。唯有心血来潮的那天，我们才会筹划大事业，将我们的目标和梦想寄托在 Denis Waitley（ 丹尼斯) 称为"虚幻岛"的汪洋大海之中。其实，直面死亡未必要等到生命耗尽时的临终一刻。事实上，如果能逼真地想象我们的弥留之际，会物极必反产生一种再生的感觉，这是塑造自我的第一步。

6. 撇开不适当的朋友

对于那些不支持你目标的"朋友"，要敬而远之。你所交往的人会改变你的生活。与愤世嫉俗的人为伍，他们就会拉你沉沦。结交那些希望你快乐和成功的人，你就在追求快乐和成功的路上迈出最重要的一步。因此同乐观的人为伴能让我们看到更多的人生希望。

7. 迎接恐惧

世上最秘而不宣的秘密是，战胜恐惧后迎来的是某种安全有益的东西。哪怕克服的是小小的恐惧，也会增强你对创造自己生活能力的信心。如果一味想避开恐惧，它们会像疯狗一样对我们穷追不舍。此时，最可怕的莫过于双眼一闭假装它们不存在。

8. 做好调整计划

实现目标的道路绝不是坦途。它总是呈现出一条波浪线，有起也有落。但你可以安排自己的休整点。事先看看你的时间表，留出你放松、调整、恢复元气的时间。即使你现在感觉不错，也要做好调整计划。这才是明智之举。在自己的事业波峰时，要给自己安排休整点。安排出一大段时间让自己隐退一下，即使是离开自己爱的工作也要如此。只有这样，在你重新投入工作时才能更富激情。

9. 直面困难

每一个解决方案都是针对一个问题的。二者缺一不可。困难对于脑力运动者来说，不过是一场场艰辛的比赛。真正的运动者总是盼望比赛。如果把困难看作对自己的诅咒，就很难在生活中找到动力。如果学会了把握困难带来的机遇，你自然会动力陡生。

10. 首先要感觉好

多数人认为，一旦达到某个目标，人们就会感到身心舒畅。但问题是你可能永远达不到目标。把快乐建立在还不曾拥有的事情上，无异于剥夺自己创造快乐的权力。记住，快乐是天赋权利。首先就要有良好的感觉，让它使自己在塑造自我的整个旅途中充满快乐，而不要在等到成功的最后一刻才去感受属于自己的欢乐。

11. 加强排练

先"排演"一场比你要面对的事还要复杂的战斗。如果手上有棘手活而自己又犹豫不决，不妨挑件更难的事先做。生活挑战你的事情，你定可以用来挑战自己。这样，你就可以自己开辟一条成功之路。成功的真谛是：对自己越苛刻，生活对你越宽容；对自己越宽容，生活对你越苛刻。

12. 立足现在

锻炼自己即刻行动的能力。充分利用对现时的认知力。不要沉浸在过去，也不要沉溺于未来，要着眼于今天。当然要有梦想、筹划和制订创造目标的时间。不过，这一切就绪后，一定要学会脚踏实地、注重眼前的行动。要把整个生命凝聚在此时此刻。

13. 敢于竞争

竞争给了我们宝贵的经验，无论你多么出色，总会人外有人。所以你需要学会谦虚。努力胜过别人，能使自己更深地认识自己；努力胜过别人，便在生活中加入了竞争"游戏"。不管在哪里，都要参与竞争，而且总要满怀快乐的心情。要明白最终超越别人远没有超越自己更重要。

14. 内省

大多数人通过别人对自己的印象和看法来看自己。获得别人对自己的反映很不错之后便会沾沾自喜。但是，仅凭别人的一面之词，把自己的个人形象建立在别人的评价上，就会面临严重束缚自己的危险。因此，应把这些溢美之词当作自己生活中的点缀。人生的棋局该由自己来摆。不要从别人身上找寻自己，应该经常自省并塑造自我。

15. 走向危机

危机能激发我们竭尽全力。无视这种现象，我们往往会愚蠢地创造一种追求舒适的生活，努力设计各种越来越轻松的生活方式，使自己生活得风平浪静。当然，我们不必坐等危机或悲剧的到来，从内心挑战自我是我们生命力量的源泉。圣女贞德(Joan of Arc)说过："所有战斗的胜负首先在自我的心里见分晓。"

16. 精工细笔

创造自我，如绘巨幅画一样，不要怕精工细笔。如果把自己当作一幅正在描绘中的杰作, 你就会乐于从细微处做改变。一件小事做得与众不同, 也会令你兴奋不已。总之, 无论你有多么小的变化, 一丁点于你都很重要。

17. 敢于犯错

有时候我们不做一件事, 是因为我们没有把握做好。我们感到自己"状态不佳"或精力不足时, 往往会把必须做的事放在一边, 或静等灵感的降临。你可不要这样。如果有些事你知道需要做却又提不起劲, 尽管去做, 不要怕犯错。给自己一点自嘲式幽默。抱一种打趣的心情来对待自己做不好的事情, 一旦做起来了尽管乐在其中。

18. 不要害怕被拒绝

不要消极接受别人的拒绝, 而要积极面对。你的要求落空时, 把这种拒绝当作一个问题: "自己能不能更多一点创意呢?"不要听见"不要"就打退堂鼓。应该让这种拒绝激励你更大的创造力。

19. 尽量放松

接受挑战后, 要尽量放松。在脑电波开始平和你的中枢神经系统时, 你能感受到自己的内在动力在不断增加。你很快会知道自己有何收获。自己能做的事, 不必祈求上天赐予你勇气, 放松可以产生迎接挑战的勇气。

20. 一生的缩影

塑造自我的关键是甘做小事, 但必须即刻就做。塑造自我不能一蹴而就, 而是一个循序渐进的过程。这儿做一点, 那儿改一下, 将使你的一天(也就是你的一生)有滋有味。今天是你整个生命的一个小原子, 是你一生的缩影。

大多数人希望自己的生活富有意义, 但是生活不在未来。我们越是认为自己有充分的时间去做自己想做的事, 就越会在这种沉醉中让人生中的绝妙机会悄然流逝。只有重视今天, 自我激励的力量才能汩汩不绝。

三、自我激励的境界

自我激励有两种境界, 第一种仅仅顺应自己的特长, 发展成为其从事领域的顶尖人物, 以巴顿将军为代表。在二次大战中, 巴顿作为一个装甲师的中将, 一直从诺曼底打到柏林, 是战争之神。他把装甲战这种快速出击战术运用到了极致。有人评价巴顿就是为战争而生, 是为战争胜利而生。这样的人非常敬业, 是个天才。但是, 他也很容易失去理智, 不是一个帅才, 他只能是一个将军。巴顿鞭打受伤逃兵的事件很能说明这一点。在西西里战役期间, 巴顿将军是第 7 集团军从杰拉直捣墨西拿的持续进击中的主要支柱。他绝对不能容忍拖延或任何借口的迟误, 结果使该集团军得以迅速前进, 这对早日粉碎西西里敌人的抵抗起了很大的作用。在整个战役中, 他对自己和对部下都一样的严苛要求, 致使他对个别士兵的要求近乎残酷。在他两次去医院看望伤病员时, 都碰到了没有负伤而被送回后方的病号, 他们患有通常所谓的"战斗忧虑症", 具体来说就是精神失常,其中一人正在发烧。这两次他都一时暴躁，其中一次还动手打了人，并且把那个士兵的钢盔打落在地。他靠什么激励自己？胜利，胜利，胜利！战争，战争，战争！靠这种激励，他在战争年代会永远打到最后，是一个英雄。但是，他绝对达不到第二境界。等到战争结束之后，巴顿就不知道下一步该做什么了，很快郁郁寡欢，最后在遭遇车祸后不久就死掉了。

第二种境界是顺应时代社会潮流而激励自己的行为，这种自我激励与第一种相较，其发展空间会越来越大。他们以丘吉尔、罗斯福为代表，还有巴顿的上司麦克阿瑟。他们也是为胜利而生的，但是，他们绝不是为战争而生。像丘吉尔、罗斯福这样伟大的政治家，从法西斯的铁蹄下拯救了整个世界，靠的不是为战争胜利而生的信念来激发的，他们靠的是对民族、对整个人类、对人性的热爱，靠的是人性、人道。所以，丘吉尔不仅在战后当了首相，即使他不当首相后，他还是一个伟大的政治家，还是一个时代的英雄，永远不落伍，直到他死。这两种人不同的结局、不同的暮年，证明了自我激励的两种境界。

四、自我激励的作用

激励是人对美好事物的向往、追求和希望，它能激发力量、引发智慧、鼓舞斗志。如果没有激励就不会有学习产生，就不会有相应的行为和产生良好的效果。对任何人来说，生命需要激励，学习更需要有激励。

美国有一位小说家写过一篇小说，叫做《最后一片叶子》。说的是一位年轻的艺术家得了严重的肺炎，生命垂危。她看着窗外的树叶一片一片地飘落，绝望地感到自己的病再也不会好转了。她认为当最后一片叶子落下时，她也将孤独地死去。而那最后一片树叶在寒风中随时可能被风吹落。

一片平常的树叶维系着一个艺术家的生命。一位好心的画家在寒风中画了一片不会凋落的树叶。靠着这片树叶，年轻人终于又产生了生的希望，战胜了疾病。没有这片蕴涵着激励和希望的树叶她很可能被病魔夺去脆弱的生命。这虽然是小说，却科学地反映出激励对人的生命力的重大作用。

美国心理学家罗森塔尔有一次到一所中学，与一些同学谈了话以后，在学生名单中圈出了若干个名字，告诉老师说，这些学生很有天赋，前程远大(这些学生中，有优生，也有差生，还有平平常常的学生，是随机圈出的)。听了罗森塔尔的话，老师增强了信心，学生也产生了新的希望。过了一段时间，罗森塔尔再次来到这所中学，发现他圈名的学生全都有了很大的进步。事实证明，罗森塔尔正是运用激励的原理唤起了学生的自信感，使他们产生了进步的力量。这就是教育心理学史上著名的罗森塔尔效应。

激励的力量得到过许多有力的佐证。美国有个病人得了癌症，病情严重。此时她已经怀孕，她唯一的愿望就是能够在癌症征服生命之前生下孩子。腹中的孩子是她最大的希望，给了她极大的激励，产生了极大的力量。为了孩子，她同疾病进行了顽强的斗争。她终于等到了孩子的出生。孩子出生后，对她的激励更大了——她要抚养孩子，让孩子长大。后来奇迹出现了，她的癌肿瘤渐渐缩小，最后完全消失了。

激励的力量来源于自我奋发向上的心理。如果自己以为不行，就不可能产生力量。有个心理学家做过这样一个实验，他给试验者进行催眠，然后，给一部分人进行暗示：你们有着非凡的力量；同时对另一些受试者进行相反的暗示，暗示他们疾病缠绵，衰弱不堪。在这两种不同的心志下，对他们进行握力的测试。结果，第一组的成绩非常出色，而第二组的成绩十分低下。

人生的成功与否，固然与外部环境有关，但是，更与自我激励有关，与自己的成功意识有关。科学家对创造型人才的调查和研究表明，创造型人才的一个主要特征是不怕失败，不迷信别人，不迷信权威。他们有一种强烈的自信心，美国的心理学家们曾进行过一项历时几十年的研究，他们对具有较高智力的学生进行长期的跟踪调查，发现有着相似的智力、相似的成绩的学生，几十年后的成就相差很大，究其原因，不是智力的差异，而是人格特征方面的不同。有成就的人大都坚定，努力，不怕困难，敢于怀疑，不迷信权威，自信力较强。正是这种自信、自励，使他们勇于实践，敢于坚持，最后取得成功。

自我激励是人在暗示作用下在心理上产生的一种积极向上、超越自我的心理历程。有一个名叫芳芳的小女孩，从小就是胆小鬼，从不敢参加体育活动，生怕受伤。但是当她参加了几次心理辅导以后，竟然敢参加潜水、跳伞等冒险运动。她的转变让许多人感到吃惊，她对人们说："通过几次心理辅导，我知道了我胆小的原因，我学会了自我激励，开始把自己想象为勇敢的高空跳伞者，并战战兢兢地跳了一回伞，结果朋友们对我的看法变了，认为我是一个精力充沛，喜欢冒险的人。后来，又有一次高空跳伞的机会，我认为这是改变自己的好机会，心里一直对自己说：我就是最勇敢的女孩，我什么都不怕。当飞机上升到 15000 米高空时，我发现那些从来未跳过伞的同伴们的样子很有趣，他们一个个都极力使自己镇定下来，故作高兴地控制内心的恐惧。我想：以前我就是这样子的吧！刹那间，我觉得自己变了。我第一个跳出机舱，从那一刻起，我觉得自己成了另外一个人。"

自我激励使芳芳发生了巨大的改变，她逐渐地淡化掉以往的自我认识，给自己以新的激励，从而在内心深处想好好表观一番，以尝试成功的喜悦。最终芳芳从一个胆小鬼变成一位敢于冒险，有能力去体验人生的新女性。她的这一变化，必将影响她以后的生活，也必将使她的学习、事业获得成功。

一个人能否自觉地进行自我激励对其一生的影响是大不一样的。1944 年美国有个名叫约翰·戈达德的少年，他把一生想干的大事列了一张表，作为他一生的志愿。

他想要干的事情有："到尼罗河、亚马逊河和刚果河探险；登上珠穆朗玛峰、乞力马扎罗山和麦特荷恩山；驾驭大象、骆驼、鸵鸟和野马；探访马可波罗和亚历山大一世走过的道路；主演一部《人猿泰山》那样的电影；驾驶飞行器起飞降落；读完莎士比亚、柏拉图和亚里士多德的著作；谱一部乐曲；写一本书；游览全世界的每一个国家；结婚生子；参观全球……"每一项都编了号，一共有 127 个目标。

现在约翰戈达德在经历了 8 次死里逃生和难以想象的艰难困苦后，已经完成了其中的 106 个目标。他的下一个目标是游览中国。正是这种奋发向上的自我激励精神才使他的生命充满了力量。

第二节　自我激励实训项目

人的一切行为都是受到激励而产生的。你激励别人，别人也激励你，同时通过不断地自我激励，会使你有一股内在的动力，促使你朝着期望的目标奋斗，最终达到成功的巅峰。

其实，激励的动因仅仅是人体内的"内部体能"，例如本能、习惯、愿望、想法、态度、情绪甚至个性。这样看来，我们每个人自身都有一个巨大的宝库，只要找到了钥匙，打开它，并行动起来，那么你就能进入成功的城堡。

没有人是不受到激励而去做任何事情的。当你为了一定的目的而要激励自己或激励别人时，就必须要有积极的心态、美好的希望。

自我激励是人生中一笔弥足珍贵的财富，是人生道路前行的无穷动力。一旦你拥有了自我激励的动力，就等于在生命中插上了美丽的翅膀，它将带着你展翅翱翔，创造属于你自己的人生辉煌。

自我激励实训一

📝 情商·小·测试

你是否乐观?

如果哪一项陈述能够代表你多数时候的行为和想法，请在 A 上画圈，反之在 B 上画圈。

1. 我更多地思考如何解决学习上的难题，而不是质疑同学们为什么不学习。A　B
2. 人们先需要证明自己，然后我才能信任他们。A　B
3. 我喜欢学习带来的挑战。A　B
4. 我感觉我是个有用的人。A　B
5. 我能够自我解嘲。A　B
6. 我有幽默感。A　B
7. 我不相信任何人和事。A　B
8. 我学习起来非常认真。A　B
9. 我每周至少有一天休息。A　B
10. 我愿意鼓励、支持并帮助别人成功。A　B
11. 除非某人的言行说明他不可信，否则我相信任何人。A　B
12. 我不愿意说我不能对他人负责。A　B
13. 我感到我很少有时间给自己。A　B
14. 我致力于发展积极的和相互支持的友谊。A　B
15. 我会容忍消极的人。A　B
16. 我感到幸福和快乐。A　B
17. 我采用健康食谱(避免过多的肥肉、糖和刺激性食物)A　B

18. 我每周至少三次参加20分钟以上的体能锻炼。A   B

19. 大部分日子里,我感到疲惫。A   B

20. 我一天中经常有段时间的小睡。A   B

21. 我每天都有沉思和放松活动。A   B

💬 评分标准

把你的测验结果与下面提供的标准答案比较,画出相对应的答案。答案为 A 的题号是 1,3,4,5,6,9,10,14,16,17,18,21;答案为 B 的题号是 2,7,8,12,13,15,19,20。

若是 19~21 个相匹配,说明你是个典型的乐观主义者。你是杰出的人物,你能够成为帮助其他人变得更积极的典范。

若是 13~18 个相匹配,说明你是个较为乐观的人,保持良好的工作和生活态度。

若是 6~12 个相匹配,说明你有时候是乐观的,可以通过培养乐观的生活态度改善情商。

若是 0~5 个相匹配,说明你很少乐观。如果不培养乐观的态度,你的情商只可能维持在较低的水平。

💬 知识拓展

自我激励就是给自己一个希望

有个叫布罗迪的英国教师,在整理阁楼上的旧物时,发现了一叠练习册,它们是皮特金中学 B(2)班 31 位孩子的春季作文,题目叫《未来我是……》。他本以为这些东西在德军空袭伦敦时被炸飞了,没想到它们竟安然地躺在自己家里,并且一躺就是 25 年。

布罗迪随手翻了几页,很快被孩子们千奇百怪的自我设计迷住了。例如:有个叫杰克的学生说,未来的他是海军大将,因为有一次他在海中游泳,喝了 3 升海水,都没能淹死;还有一个叫亨瑞的说,自己将来必定是法国的总统,因为他能背出 25 个法国城市的名字,而同班的其他同学最多的只能背出 7 个;最让人称奇的,是一个叫戴维的盲学生,他认为,将来他必定是英国的一个内阁大臣,因为在英国还没有一个盲人进入内阁。总之,31 个孩子都在作文中描绘了自己的未来:有当驯狗师的;有当领航员的;有做王妃的……五花八门,应有尽有。

布罗迪读着这些作文,突然有一种冲动——何不把这些本子重新发到同学们手中,让他们看看现在的自己是否实现了 25 年前的梦想。当地一家报纸得知他这一想法,为他发了一则启事。没几天,书信向布罗迪飞来。他们中间有商人、有学者及政府官员,更多的是没有身份的人,他们都表示,很想知道儿时的梦想,并且很想得到那本作文簿,布罗迪按地址一一给他们寄去。

一年后,布罗迪身边仅剩下一个作文本没人索要。他想,这个叫戴维的人也许死了。毕竟 25 年了,25 年间是什么事都会发生的。

就在布罗迪准备把这个本子送给一家私人收藏馆时，他收到内阁教育大臣布伦克特的一封信。他在信中说，那个叫戴维的就是我，感谢您还为我们保存着儿时的梦想。不过我已经不需要那个本子了。因为从那时起，我的梦想就一直在我的脑子里，我没有一天放弃过。25年过去了，可以说我已经实现了那个梦想。今天，我还想通过这封信告诉我其他的30位同学，只要不让年轻时的梦想随光阴飘逝，成功总有一天会属于你。

布伦克特的这封信后来被发表在《太阳报》上，因为他作为英国第一位盲人大臣，用自己的行动证明了一个真理：假如谁能把15岁时想当总统的愿望保持25年，那么他现在一定已经是总统了。

希望就是如此给人信念与信心。希望是春天的一抹绿色、一株绿苗、一朵粉色花蕾……它让我们感受到生活的美好，让我们热爱生活。希望激励我们向着一切美好前行。排除路上的一切障碍，心中长存希望，是自我激励的一个好方法。

自我激励实训二

📝 情商·小·测试

信 心 测 试

你有安全感吗？你谦虚吗？你对自己有信心吗？你骄傲吗？

1. 一旦你下了决心，即使没有人赞同，你仍然会坚持做到底吗？　是　　否
2. 参加晚宴时，即使很想上洗手间，你也会忍着直到宴会结束吗？　是　　否
3. 买衣服前，你通常先听取别人的意见吗？　是　　否
4. 你懂得理财吗？　是　　否
5. 如果店员的服务态度不好，你会告诉他们经理吗？　是　　否
6. 你不常欣赏自己的照片吗？　是　　否
7. 别人批评你，你会觉得难过吗？　是　　否
8. 你很少对人说出你真正的意见吗？　是　　否
9. 对别人的赞美，你持怀疑的态度吗？　是　　否
10. 你总是觉得自己比别人差吗？　是　　否
11. 你对自己的外表满意吗？　是　　否
12. 你认为自己的能力比别人强吗？　是　　否
13. 在聚会上，只有你一个人穿得不正式，你会感到不自然吗？　是　　否
14. 你是个受欢迎的人吗？　是　　否
15. 你认为自己很有魅力吗？　是　　否
16. 你有幽默感吗？　是　　否
17. 目前的工作是你的专长吗？　是　　否
18. 你懂得搭配衣服吗？　是　　否
19. 危急时，你很冷静吗？　是　　否
20. 你与别人合作无间吗？　是　　否
21. 你认为自己只是个寻常人吗？　是　　否

22. 你经常希望自己长得像某某人吗？是　　否
23. 你经常羡慕别人的成就吗？是　　否
24. 你为了不使他人难过，而放弃自己喜欢做的事吗？是　　否
25. 你会为了讨好别人而打扮吗？是　　否
26. 你勉强自己做许多不愿意做的事吗？是　　否
27. 你任由他人来支配你的生活吗？是　　否
28. 你认为你的优点比缺点多吗？是　　否
29. 你经常跟人说抱歉吗？即使在不是你错的情况下。是　　否
30. 如果在非故意的情况下伤了别人的心，你会难过吗？是　　否
31. 你希望自己具备更多的才能和天赋吗？是　　否
32. 你经常听取别人的意见吗？是　　否
33. 在聚会上，你经常等别人先跟你打招呼吗？是　　否
34. 你每天照镜子超过三次吗？是　　否
35. 你的个性很强吗？是　　否
36. 你的记性很好吗？是　　否
37. 你对异性有吸引力吗？是　　否

💬 评分说明

选"是"计一分，选"否"不计分，计总得分。

分数为 22~37：说明你对自己信心十足，明白自己的优点，同时也清楚自己的缺点。不过，在此警告你一声：如果你的得分将近 40 的话，别人可能会认为你很自大狂傲，甚至气焰太盛。你不妨在别人面前谦虚一点，这样人缘才会好。

分数为 9~21：说明你对自己颇有自信，但是你仍或多或少缺乏安全感，对自己产生怀疑。你不妨提醒自己，在优点和长处各方面并不输给别人，特别强调自己的才能和成就。

分数为 8 分以下：说明你对自己显然不太有信心。你过于谦虚和自我压抑，因此经常受人支配。从现在起，尽量不要去想自己的弱点，多往好的一面去衡量；先学会看重自己，别人才会真正看重你。

📑 知识拓展

自我激励名人格言

只要下定决心克服恐惧，便几乎能克服任何恐惧。因为，请记住，除了在脑海中，恐惧无处藏身。　　　　　　　　　　　　　　　　　　　　——戴尔·卡耐基

害怕时，把心思放在必须做的事情上，如果曾彻底准备，便不会害怕。

——戴尔·卡耐基

"不可能"这个词，只在愚人的字典中找得到。　　　　　　　——拿破仑

去做你害怕的事，害怕自然就会消失。　　　　　——罗夫·华多·爱默生

这世上的一切都借希望而完成。农夫不会播下一粒玉米，如果他不曾希望它长成种子；单身汉不会娶妻，如果他不曾希望有小孩；商人或手艺人不会工作，如果他不曾希望因此而有收益。
　　　　　　　　　　　　　　　　　　　　　　　　　　　——马丁·路德

目标的坚定是性格中最必要的力量泉源之一，也是成功的利器之一。没有它，天才也会在矛盾无定的迷径中，徒劳无功。
　　　　　　　　　　　　　　　　　　　　　　　——查士德斐尔爵士

困难就是机遇。
　　　　　　　　　　　　　　　　　　　　　　　——温斯顿·丘吉尔

我奋斗，所以我快乐。
　　　　　　　　　　　　　　　　　　　　　　　　　——格林斯潘

忘掉今天的人将被明天忘掉。
　　　　　　　　　　　　　　　　　　　　　　　　　　　——歌德

一个人的价值，应该看他贡献什么，而不应当看他取得什么。　——爱因斯坦

成功=艰苦劳动+正确的方法+少说空话。　　　　　　　——爱因斯坦

人的全部本领无非是耐心和时间的混合物。　　　　　　　——巴尔扎克

时间是世界上一切成就的土壤。时间给空想者痛苦，给创造者幸福。——麦金西

时间是一个伟大的作者，它会给每个人写出完美的结局来。　——卓别林

从不浪费时间的人，没有工夫抱怨时间不够。　　　　　　　——杰弗逊

抛弃今天的人，不会有明天；而昨天，不过是行云流水。　——约翰·洛克

自我激励实训三

情商小·游戏

自 我 夸 奖

游戏目标：提高学生的自信心；
　　　　　训练学生的表达能力。

游戏程序：

人数	不限	时间	10分钟	场地	不限
用具	无				

游戏步骤及详解	
将学员分为两人一组 ↓ 老师宣布游戏规则 ↓ 开始游戏 ↓ 游戏结束后，老师组织学生进行问题讨论	一、游戏规则 　　每个小组中的两名学员互相询问以下三个问题(要求如实回答，不能过谦) 　　1. 你对自己身体的哪一个部分最感到自豪? 　　2. 在个人品质上，你认为自己在哪一点上做得最好? 　　3. 在个人才能上，你认为自己最大的优势是什么? 二、问题讨论 　　1. 当你回答自己的优点时，你有怎样的感觉? 　　2. 通过这个游戏，你是否更加清晰地认识到自己的优点?

你的父母、环境、其他人和生活中发生的事情都给你对自己的看法带来深刻的影响。不过，任何情况和环境的结合都无法完全决定你对自己的印象。因为自我印象的形成与发生在我们身上的事没有太多的关系。坚强肯定的自我形象可以造就出你能面对生活中任何障碍的性格。

只要你喜欢自己，相信自己，你可以用信心、希望和勇气去应付失望和令人沮丧的局面。你可以勇往直前，做你想做的人。

💬 知识拓展

进取的心永不停息

德国前总理施罗德1944年4月7日出生于下萨克森州的一个贫困家庭，他出生后的第三天，父亲就战死在罗马尼亚，母亲当清洁工，带着他和姐姐，一家三口相依为命。

生活的艰辛使母亲欠下许多债。一天，债主逼上门来，母子抱头痛哭，年幼的他拍着母亲的肩膀安慰说："别伤心，妈妈，有一天我会开着奔驰车来接你。"40年后，这一天终于到了。他担任了下萨克森州州长，开着奔驰把母亲接到一家大饭店，为老人家庆祝80岁的生日。这40年的奋斗生涯中，他付出了不懈努力。

因交不起学费，初中毕业他就到一家零售店当了学徒。贫困带来的被轻视和瞧不起，使他立志要改变自己的人生：我一定要从这里走出去。他想学习，并积极寻找机会。1962年，他辞去了店员的工作，到一家夜校学习，一边学一边到建筑工地当清洁工。不仅收入有所增加，而且圆了他的上学梦。

四年的夜校结业后，1966年他进入了哥廷根大学夜校学习法律，圆了大学梦。毕业之后，他当了律师。32岁时，他当上了汉诺威霍尔律师事务所的合伙人。回顾自己的经历，他说，每个人都要通过自己的勤奋努力，而不是通过父母的金钱来使自己受教育。这个对人的成长至关重要。

通过对法律的研究，他对政治产生了兴趣。积极参加政党的集会，最终加入了社会民主党。此后，他逐渐崭露头角，步步提升。1969年，他担任哥廷根地区的主席；1971年得到政界的肯定；1980年当选为议员；1990年当选为下萨克森州州长；并于1994年、1998年两次连任。政坛得志；1998年10月，他走进了联邦德国总理府。

正是进取心——这种永不停息的自我推动力，激励着每一个成功人士朝着自己的目标前进。这是神秘的宇宙力量在人身上的体现，这种动力并不是纯粹的人为力量所能创造的。为了获得这种力量，我们甚至愿意放弃舒适的生活乃至牺牲自我。每个人都需要这种激励，它是我们人生的支柱。一旦我们有幸受这种伟大推动力的引导和驱使，我们就会成长、开花、结果。进取心带来的激励也存在于我们人体内，它推动我们完善自我，追求完美的人生。

自我激励实训四

情商小·游戏

三个小组造巨人

游戏目的：促使游戏参与者学会就地取材以达成目标；锻炼游戏参与者的想象力和解决问题的能力。

游戏要求及过程：

人数	40 人	时间	30 分钟	场地	不限
用具	每组 100 个气球，打气筒 1 个，宽大衣服 1 套				
游戏步骤	1. 教师将学员按 10 人一组进行分组。 2. 为每组各分配 100 个气球、打气筒 1 个和宽大衣服 1 套。 3. 每组选出一个学员做模特，其他组员的任务就是利用气球把这个模特扮成"小组巨人"，使他越魁梧越好。最后帮他穿上宽大的衣服。 4. 10 分钟后，每组的小组巨人需要站在一起供大家评价，选出最强壮的一个。				
问题讨论	1. 你们小组是用什么方法使"小组巨人"变强壮的？ 2. 在游戏中，看见其他组的"巨人"更加强壮时，你们组有什么反应？				
游戏技巧	1. 有没有小组在开始时就注意到一个问题：怎样将这些气球固定在人的身上？游戏用具中并没有提到绳子，因此小组在开始时不要急着把所有气球都吹鼓，而应该留一部分以作他用。 2. 你们小组的行动是否像一窝蜂，全无章法可言？首先要有明确的分工，小组应该先分配好谁给气球吹气，谁来绑扎气球，谁来武装"小组巨人"。 3. 不要一味追求让"巨人"变得强壮，也要考虑到气球的承受力，否则气球吹得过鼓可能会爆。 4. 切忌吹起一个气球就给"巨人"身上穿一个，这样做会很浪费时间。不妨尝试用很多气球先做一件"外衣"，然后一起穿在"巨人"身上，这样不仅节省更多时间，而且还可以看出整体效果，及时做出调整。				

游戏讨论：

目标可以激发人的动机，刺激和鼓励人们采取积极的态度，运用最可能使之达成的方法去努力奋斗。

自我激励实训五

情商小·游戏

再撑一百步

参与人数：不限。

时间：30 分钟。

场地：不限，最好在户外。

游戏介绍：本游戏通过讲故事的形式，让学员理解"激励"的重要性。这个故事采取生动的比喻，将管理学中的"激励"向学生娓娓道来，并对他们的行为有所启发，可以指导他们的学习和工作。

游戏规则和程序：

让学生们坐好，尽量采用让他们舒服和放松的姿势。

教师给学生讲述如下的故事：

美国华盛顿山的一块岩石上，立下了一个标牌，告诉后来的登山者，那里曾经是一个女登山者躺下死去的地方。她当时正在寻觅的庇护所"登山小屋"只距她一百步而已，如果她能多撑一百步，她就能活下去。

讲完故事后，让学员们就此故事展开讨论，让他们讲讲听完这个故事后得到什么启发。

相关讨论：

1. 你觉得这个故事怎么样？

2. 从这个故事中，你得到什么启发？

3. 你对"自我激励"有什么新认识？

总结：

1. 这是一个很有寓意的故事。故事告诉我们，倒下之前再撑一会儿。胜利者，往往是能比别人多坚持一分钟的人。即使精力已耗尽，人们仍然有一点点能源残留着，运用那一点点能源的人就是最后的成功者，人生中充满风雨，懂得竭尽全力抵抗风雨的人才是人生的主宰者，才不会被命运打倒。

2. 引导学生了解这一层意思之后，可以鼓励他们多想一些激励的方法。这个环节本身就是一个激发学生潜能的例子。让学生们多想一些激励法也可以帮助他们加深记忆，以便将这种理念带到学习和将来的工作中去。

💬 知识拓展

积极暗示，引爆潜能

让我们先看下面两个故事：

故事一：

一位少妇因车祸导致脑损伤，昏迷了两个月，该用的药都用了，该想的办法都试过了，但毫无效果，很多医生认为，她成了一个植物人。但神经外科主任想做最后一次努力：每天在病人床头播放几次病人2岁女儿的哭声和对妈妈的呼唤。一周后，奇迹出现了，这位少妇从昏迷中苏醒，并逐渐恢复了健康。

故事二：

古时候有个囚犯罪恶滔天，杀了一家五口，被判处了死刑，县官判他血债血偿，告知他将被以放尽血液的方式处死。当行刑时，死囚被带到一间隔音的房间里，捆绑在床上，蒙上眼睛，衙役用针头刺入他的手臂（并没有刺入血管），然后打开床下的滴水器，让他听到"滴答、滴答"的滴"血"声，使他自以为是自己的血液在一滴滴地流出。半天过后，死囚的心脏停止了跳动。

这些都是暗示的结果，也可谓是生命的奇迹。前者由于女儿呼唤声的暗示而产生了强烈的求生欲望；后者由于恐惧而导致肾上腺素急剧分泌，心血管发生障碍，心功能坏死而导致死亡。暗示对一个人的事业、婚姻、健康等均有影响。

一个人若总是进行积极的自我暗示并开发自己的巨大潜能，就能获得超群的智慧和强大的精神力量，就能获得成功，露皮塔的故事就是最好的例证。

露皮塔从小就智力很差，先是降级，被列入反应迟钝者之列，后来又被退学。她18岁就嫁了人，婚后生了两男一女，后来她的两个儿子被诊断为低能儿，这使她难以忍受。她决定要帮助孩子，首先自己给孩子做个好榜样，从求学做起。

她到两年制的得克萨斯南方学院去学习，同时还兼顾家务，每天两头忙。全家都赞同她新的追求，但又担心要不了多久，她就会离开学校重新做家庭主妇。

事实并不像她家人想象的那样。到第一学年末，露皮塔惊奇地意识到：自己的能力并不比别人差，自己完全有能力做得更好。于是，她除了继续在南方学院学习又在泛美大学报了课程。3年后，她取得了初级学院学位，还以优异的成绩取得了泛美大学的理科学士学位。

孩子们发现他们的母亲与众不同，因为一般美籍墨西哥母亲都不上大学。孩子们非常敬佩母亲。在母亲的鼓励下，孩子们各方面的能力提高得很快，两个儿子的学习成绩一天天地提高，自信心也不断增强，后来他们转到了正常班级学习。

1971年露皮塔被授予文学硕士学位，又担任了豪斯登大学墨西哥美国文化研究所的理事。新的工作又促使她去攻读行政管理的博士学位，并在学习工作之余在大学任教，每周还给基督教女青年夜校上两次课。但她从未忘记她的孩子们。

她总是挤出时间赶回家来关心孩子们的学习，到学校参加家长会，观看孩子们参加的所有体育比赛。在她的细心关怀和引导下，三个孩子都取得了骄人的成果。

这真实的故事说明，要想获得成功，首先得相信自己，并用积极的暗示开发自己的潜能，不要因为自身的某些弱点就轻易放弃，只有这样，你才能成功。

阅读材料

论自我激励与大学生的健康成长

吴　燕

（资料来源：重庆科技学院学报（社会科学版），2013-3）

自励、他励及互励是人为激励系统中的三个子系统，而自我激励是人为激励理论的逻辑前提。在自我激励系统中，激励主体与客体是重叠的。人为激励理论指出，自我激励中激励的主体和客体都是能动的个体，他们不仅有能力而且十分渴望控制自己的行为，掌握自身命运。

一、有关自我激励的理论

我国古代已有关于激励的思想。在我国传统文化中，儒家、道家都强调自励。如说"修己以安人，正人先正己"，强调管理别人之前先管理好自己。《资治通鉴》中就多次提到"自励""自勉励""自策励"等词语。20 世纪 80 年代以来，西方一些学者越来越重视对自我激励的研究。德鲁克在《论 21 世纪管理的挑战》中指出自我管理将成为今后管理的趋势，而自我激励正是自我管理的核心。关于自我激励的心理机制，西方研究者也提出了一些理论模型，如班杜拉的自我调节模型，麦考姆斯的自我系统模型，齐莫曼的自我调节模型等。

自我激励是激励系统的一个重要组成部分，也被理解为是一种能力。斯腾伯格认为，智力的内部构成涉及思维的三种成分，即元成分、操作成分和知识获得成分。自我认识、自我控制、自我奖励等属于元认知活动，因此自我激励也属于一种智力范畴。在经济与科技高速发展的现代社会，"铁饭碗"时代已经离我们远去，同时知识工作者越来越受到重视。相对于其他工作者而言，知识工作者自己拥有生产资料。高度专业化的知识工作者要处理各种问题，需要靠自我激励来面对各种挑战。高校学生是未来的知识工作者，面对学业竞争、就业压力，自我激励应该成为他们获得前进动力的重要途径。

二、自我激励对大学生的意义

（一）自我激励是学生健康成长的需要

个体的成长总是一个从被动到主动、从不成熟到成熟的过程。小孩子的行为大多依靠外在激励所驱动，而成年人的行为大多由内在激励所驱动。学生从中学步入大学，开始独立思考问题，自主意识逐渐增强，越发渴望用自己的思想支配自己的行动。然而，大学生还并不成熟，不能准确地判断是非。据调查，在被调查的高校学生中，有 10.2% 的人认为读书无用，因为书本知识与现实脱离；有 24.6% 的人认为人生短暂，应及时寻欢；有 35.7% 的人在感情问题上赞同并接受西方婚姻观；有 46.5% 的人在失恋后有过一蹶不振的时期；有 7.4% 的学生有过自杀的想法。可见高校学生的人生观、世界观、价值观还存在许多问题。在比较自由的大学校园生活中，如果不会自我约束，不懂及时自我激励，势必会影响其健康成长，一旦在一两个问题上陷入困境，就很可能发生多米诺骨牌效应，使其人生进入一种非良性循环之中。

（二）自我激励是学生自我控制的需要

现代研究证实，人类具有控制的需要。控制需要即个体希望自身可以在不受外因的影响下控制、影响甚至创造整个事件。若缺乏控制，个体便会产生一种挫败感或是无能感，还会伴随一系列负面情绪。控制需要若能得到满足，会使个体产生强烈的成就感，并促进自我激励水平进一步提高。控制需要若得不到满足，个体则会怀疑自己的能力，甚至出现自卑、自负、无能等不良情绪。著名管理大师杜拉克指出："我们要努力让管理进入一个自我控制的管理状态。"高校学生在大多数时间是处在自我管理的状态下，因此需要学会控制自己、约束自己，将自身的思想、行为控制在合理的范围之中。

（三）自我激励是学生自我提升的需要

人总是有自我提升、自我完善的欲望。当实现了一个既定目标以后，另一个目标又会随之而来；当一个层次的需求得到满足，另一个更高层次的需求又会出现，如此循环往复。在学校学生做了自己能做并应该做的事，比如顺利通过各种考试之后，并不会安于现状，总是会考虑如何继续提升自己，为自己将来工作奠定基础。他们会去考各种职业资格证，或是去做一些兼职，参加一些社会实践活动来提高自己。不断进行自我激励，可以有效地帮助自己克服自我提升中的种种障碍。

（四）自我激励是学生趋利避害的需要

趋利避害是人类行为的基本原则之一。个体想要做到趋利避害，就得不断自我激励。从经济学角度看，个体进行自我激励的前提是认为自我激励带来的利益高于自我激励的投入成本。个体的某种行为总是有一定的预期效果，比如考试及格、被评为三好学生或者优秀毕业生等，或者是为了避免各种麻烦，比如补考、重修、延迟毕业等。预期效果的好与坏形成鲜明的对照，而结果是好是坏又存在各种不确定的因素，比如即便努力学习了也不一定能够顺利通过考试、被评为三好学生。此时，个体就需要为自己设立较近、较容易实现的目标，进行自我激励。不管最终会不会被评为三好学生，依然要表现出正常的努力水平。学会为自己设定合理的目标，并付之于行动，直至最终达到目标。

（五）通过自我激励而激励他人

管理者都会强调团队精神。在一个团队里，当个体的业绩取决于团队整体业绩时，个体就会有动力去激励他人。对于团队领导而言，激励团队队员则是他们应尽的职责。然而在激励别人之前必须能够激励自己，只有先将自己说服，才能去说服他人。在学校，每个班级都是一个完整的团队，集体荣誉的获得需要团队每一个成员的共同努力。班干部是团队中的"领头羊"，为了集体荣誉，既要学会激励自己，还要善于激励团队里的每一个人。

三、高校学生如何进行自我激励

在学习生活中，有成功的快乐，也有失败的苦恼；有才华得到充分发挥的可能，也有坎坷不平处处碰壁的时候。当承受着沉重的心理压力和巨大的精神负担的时候，就需要进行自我调节，运用自我激励的方法，不断提高自己的心理素质。

（一）明确自身特征，树立正确目标

孔子把人分成四类："生而知之者上也，学而知之者次也；困而学之，又其次也；困而不学，民斯为下矣。"（《论语·季氏》）。知道与否并不重要，重要的是能否清楚认识到自己不知道。只有认识到自己的优点与缺点，才可能充分地发展自己，为自己的发展树立正确的目标。在高校众多学生中，每个学生的特征和能力都是不尽相同的。学生自己应该充分认识自己的能力和性格特质，只有这样才能不断挖掘自身优点，克服自身缺点。要全面认识自己，仅了解自己是不够的，还要用发展的眼光认清他人的能力以及性格特质，所谓"以人为镜"。自我了解与了解他人是个体树立正确目标的必要前提。树立合理的目标，可以激励自己不断奋发向上。

（二）选好参照标准，学会自我控制

现代管理心理学认为，个体在进行自我激励时，总会用别人来比拟、要求自己，会将周围人作为参照物。如果参考标准太低，会使个体自我激励动力减弱。如果参考标准过高，个体达到的可能性较小，则也会影响个体进行自我激励的动力。因此，自我激励需要为自己选择合适的参照标准。为了接近于参照标准，个体在进行自我激励的同时，还应该学会自我约束，积极抵制外界因素的干扰，将自己的情感与行为控制在合理的界限之内。

自制与自励原本就是相辅相成的。首先应该学会克服不良个性，不固执己见，不唯我独尊。其次，尽量少接触不合理的事物。所谓近朱者赤，近墨者黑，环境对人的影响是深刻的。在中学时，学生处在一个相对封闭、单纯、简单的环境中，接受的也大多是正面教育；步入大学后，所接触到的世界开始变得精彩，城市大了，楼房高了，街道繁华了，公园、酒店、餐厅灯红酒绿，五彩缤纷。繁华的背后有正面激励，也有负面影响。要减少、消除其副作用，就需要学生进行有效的自我控制。

（三）不断自我反省，改善自身不足

古人提倡每天"三省吾身"，强调个体要经常自我反省，权衡自身行为，明确自身优点与缺点，从而合理发挥自己的主观能动性。反省是高校学生追求实践合理性的体现，是其成熟的一种表现。反省也是学生提高思想品德、学识技能及心理品质的重要前提，是个体进行自我激励的必要技能。高校学生要时刻检验自己所学理论知识是否学扎实了，自己的容貌态度是否得当，考虑问题是否透彻，情绪控制是否得当等。自我反省应该是全方位、多角度的。高校学生应该将自我反省作为一种生活习惯。自我反省之后，会意识到自身的不足或者自己犯的过错。在追求目标的道路上，面对不足与错误，应该勇于承认错误、承担责任，不断激励自己，加以纠正，这也就达到了自省的目的。成功者与一事无成者之间有个最大的区别就是：成功人士善于反省自己，并能不断激励自己，有种自我推动的力量促使其去努力完成目标，并且敢于承担一切责任。

（四）时刻自我警示，做到持之以恒

在自我激励过程中，个体要用特定的社会准则、道德标准和行为规范等不断警示自己，规范自身的思想和行为，以顺应社会需求。个体树立了远大的理想，并不一定就能够成功，还需要不断自我警示并为自我理想的实现而持之以恒。是否具有坚强的意志力是决定个体能否成功，能否实现自我目标的一个重要因素。高校学生要不断地培养自己的意志力，努力克服一切困难，无论环境多么恶劣，都要有坚定的信念，坚强地走下去。无论是在学校中还是在社会中，我们总会碰到各种问题与麻烦，但是不论有多难，永远都不能丧失信心，要学会激励自己。西方有句谚语说："打开门的往往是最后一把钥匙。"只要充满信心，就一定能开启成功的大门。

第五章
认识他人情绪能力实训

准确掌握表情密码

世界上的每一个人都是具有很强独立性的个体，正如同全世界找不到两朵相同的花。人们的相貌、心理以及情绪也是存在差异的。当然从相貌来说，双胞胎可以把差异缩减到最小。可是，人们的心理、情绪是永远不会重叠的。

这样看来观察他人的情绪是一件极其困难的事情，不免让人有些气馁。其实并非如此。公司管理报销事务的会计换了一任又一任，可是依然没有人能够长期做下去，为此财务处的李科长急得天天牙疼。因为报销事务不但关系着公司职员的个人利益还牵扯到公司整体利益，而且由于部分来报的发票不属于公司的报销范围之内，因此不能报销，所以财务室出现了报销者信誓旦旦，会计却誓死不报的场景，双方最终弄得面红耳赤，场面犹如斗鸡。

虽然工作很难做，但还是要有人去做。只可惜老会计宁可被减薪也不肯接受这份工作，李科长无奈只得让新来公司的员工小杨接手。当然，李科长也没有闲着，物色小杨的接任者是他的当务之急。

不过，事情的发展却大大出乎李科长的预料。首先，财务室不再像露天斗鸡场那样会计和员工们吵个不停，这使"财务室如战场"的言论悄然而止；再者，来报销的人员对会计们的态度明显温和了许多；第三，小杨工作完成出色，没有显示出丝毫的退意。

李科长自此不再牙疼，可是他始终弄不明白，小杨是如何做好这份工作的。于是私下里，李科长向小杨询问其中的玄机。小杨笑吟吟地说道："其实前几任会计的工作能力绝对比我强。只是他们坐办公室的时间太久了，在报销时总是低着头。而当他们抬头时，便是在和别人争吵。"李科长没听明白，连问为什么。小杨说道："报销本来就是一份很繁琐但付出与回报不成正比的工作。因此，大家很容易带着情绪工作，可是您应该知道，这样是绝对做不好工作的。来报销的人总是会要求我们将拿来的发票全额报销。但是，《会计法》和公司有关条文的规定使事情往往不能如他们所愿。既然牵扯到个人利益和公司利益，双方互不相让是在所难免的。而且负责报销的会计们工作繁重压力大，与外界争执就会经常闹情绪。但是，我们还是有必要顾及他人且克制自身的情绪。我呢，比前几任会计唯一出色的地方就是我会在给员工报销时抬抬头仰仰脖子，顺便观察一下他们的表情：若是有人是面带厌倦的神情，我会适当地和他聊上几句，并在报销时从他的立场出发缓慢而又简明地解释相关事宜；若是有人眉头紧锁，我就要轻松微笑着缓和气氛。总之一句话，观察他人的表情，来了解对方的情绪并控制自己的情绪。这样做使我受益颇深。"

由此看来，观察他人情绪不是一件难事。小杨在这方面做得尤为出色，他很清楚如何去阅读别人的情绪，而且他掌握了最佳的辅助工具——表情密码。所以，他能准确地掌握他人的情绪，也就不足为奇。

第一节　认识他人情绪概况

为什么有的人拥有好人缘，有的人却成了万人烦？为什么有的人可以轻易获取信息、获得青睐，而有的人却盲目被动、不得要领？关键就在于他们是否善于了解他人，知道他人的所思、所想、所感。

高情商者在社交生活中不盲目、不糊涂，他们能够根据对方的行为举止、语言谈吐、心理活动等，识别他们的情绪，并采取相应的对策，因而能获得良好的人际关系，取得更大的成功。

一、认识他人情绪的目的

尽管人难知，还是要知。美国学者戈尔曼说过："不能识别他人的情绪是情感智商的重大缺陷，也是人性的悲哀。"

认识他人情绪情感的目的是什么？

(1)不会伤害他人。要控制自己的情绪容易，但要控制他人的情绪就很难。因此你只能通过了解洞悉他人的性格和情绪，并以此来调整自己的言行，避免伤害别人的情感，恰当地处理人际关系，从而营造和睦融洽的环境氛围。

(2)能协同合作。了解他人情绪，才有可能很好地合作。当一个陌生人径直向你走过来，并很近地靠过来时，你会退一下，因为你不了解他。当一个很熟悉的人径直向你走过来，并很近地靠过来时，你会本能地靠拢过去，伸出手去紧握，还可能紧紧地与他拥抱。

(3)最终左右或驾驭他人的情绪。只有这样，才能实现可持续的合作。

二、如何认识他人情绪

认识他人的情绪情感主要是通过"听、问、看"。

1. 倾听

(1)倾听的含义。

倾听是第一个方法和技巧，是沟通的第一艺术，造物主给了人类两只耳朵一张嘴，就是要人们少说多听(如图 5-1)。倾听是一种主要用耳的艺术，取得成绩时要倾听；遭受挫

图 5-1

折时要倾听；承担痛苦时要倾听；沟通心灵时要倾听；认识他人的情绪情感时更要倾听。

(2)倾听的技巧。

做有兴趣状。对某人所说的话"表示有兴趣"。当别人的讲话确实无聊且速度又慢时，要认为或多或少会有益，聆听时就会自然流露出敬意和礼貌。

对方说话时聚精会神，全神贯注地聆听。特别要集中注意力，哪怕是有一个持枪暴徒突然闯进房子，一个漂亮的女士在你面前晃来晃去，也不要分散眼神。

设身处地、站在对方的角度想问题。情绪情感是相互影响，相互感染的，你倾听的情绪会影响讲话人的情绪，从而关系到能否得到希望得到的他人的情绪。

一般不要打断别人的讲话。随便打断别人的讲话，会影响别人的情绪，同时，也影响对他人情绪情感的认知。

积极回应。可用一些肢体语言或感叹性的口头语言来反馈你的情绪情感。

准确理解。不仅要理解他人语言中的含义，还要理解他的言外之意、言下之意，往往那些东西才是要捕捉的情感信息。

听完再澄清、排除听的消极情绪。

(3)倾听要"四到"。

眼到——观察对方的脸部表情、眼睛、手势、体态、穿着等。

心到——以换位思考的态度站在沟通对方的立场与角度，去体会他的处境与感受。

脑到——用大脑去分析对方的动机，以便了解对方的话中是否有话，是否有弦外之音。

神到——眼、心、脑，全部要归到"神"。

2. 提问

(1)提问的含义。

认识他人情绪情感的第二个方法和技巧是提问。提问本身就是一门学问，这是用嘴的艺术。每个人每天几乎都要不停地提问，都要不停地回答问题。很多情绪情感的东西就是通过提问和回答问题自觉不自觉地流露出来的。就是倾听，实际上也是提问后的行为。

（2）提问的重要性。

一个领导者要学会提问；一个教师要学会提问；一个服务员要学会提问；一个学生要学会提问……每个人都应该学会提问。其实，提问每个人都会，张嘴就是问题，但是，每个人也都不一定会提问，提问水平很高的人，是高情商与高智商的综合素质的体现。

（3）提问的种种技巧和表现。

老师的提问技巧。老师的课堂教学，要经常提问，这是启发式教学，是了解学生的学习情况的一个重要方法，也是锻炼学生表达能力的一个重要方法。有经验的教师认为，经常提问是一种组织教学的重要方法。学生听课到一定时间，就会产生兴趣转移，会产生疲劳，经常提问，会使学生溜掉了的"神"又"回过神来"，重新集中注意力。

一个人会不会提问题，提什么样的问题，能够由此看出你的水平。所以，有经验的老师会加大力度鼓励学生提问，从学生的提问中看出学生学到了什么程度，看出他的创新创造精神。

一些新闻记者很会提问，包括报社的记者，电台、电视台的新闻记者，《对话》、《实话实说》、《今晚》、《东方时空》等栏目的主持人，香港凤凰卫视的《时事开讲》、《时事直通车》等栏目的主持人，都是很会提问的。

例如，央视的著名记者水均益，他主持的《高端访谈》节目，很有层次，很受欢迎，这与水均益先生的提问有很大的关系。他所提的问题，有的是以逻辑性见长，有的是以深度和广度见长，有的则是以饶有兴趣的幽默诙谐见长，有的是以引起人们的好奇心见长。总之，提问在认识他人的情绪情感中是很重要的。

3. 观察

（1）观察的含义。

观察是认识他人的情绪情感的第三种方法和技巧，这是一种主要用眼睛的艺术。眼睛是心灵的窗户，心理是一个人内心世界的东西，它会通过一个人的言行、表情表现出来。而通过一个人的言行，可以推断一个人的心理活动规律，可以窥视一个人的内心世界。

（2）眼睛和眼神。

根据一个人的眼睛、眼神，也可以了解他的情绪情感。这是两个方面的问题：一是通过眼睛去观察了解他人的情绪情感；二是通过他人的眼睛去推断他人的情绪情感。

倾听、提问和交谈都属于上述两个方面的内容。例如，通过倾听了解他人的情绪情感，也可以通过自己讲话他听的表现来了解他人的情绪情感；通过提问来了解他人的情绪情感，也可以通过他人对自己的提问来了解他人的情绪情感。

4. 体察

通过一个人的整体言行活动，身体的全部行为，也可以了解一个人的情绪情感，"体察民情"的"体察"就是这个意思。

事实上，每个人都有身体语言，每个人的身体语言都在表情达意。好多隐秘的情感信息就是通过身体的无声语言传递的。有经验的观察情绪情感的高手，是不会放过对方的体态情感表达的。

例如：美国总统尼克松卷入"水门事件"后，在一次接受记者采访时，尼克松出现了摸脸颊和下巴的动作。而在"水门事件"爆发前，尼克松从未有过这样的动作，心理学家法斯特教授据此认为，尼克松这次肯定脱离不了干系。

从心理学的角度讲，一个人面对恐惧时，会通过自我安慰来寻求心理平衡。尼克松摸自己的身体这种自我接触，就是一种自我安慰，其实，也就把他的恐惧心理不自觉地流露了出来。

这里的"体察"情绪情感，还有一层意思，就是要整体观察。一个人对对方是一种异常愤怒的情绪，但是他的面容却可能是和蔼的微笑。这时，对他人的情绪的观察，就不能仅仅看他的面部，还要看他同时紧握的拳头和僵硬的肢体，也许这才是他的真实情绪。

5. 手势语

除了眼睛、耳朵、嘴巴等五官能表达人的情绪情感以外，在一个人的身体中，手是最重要的情绪情感的表达载体。一个人的手势会有亿万种，肢体语言中，最重要的也是手势语言。聋哑人的哑语，交警的交警语，基本上都是手势语言。即便是有声语言，很多也是要借助手势来表情达意、增强感染力的。

一个人取得了成就，为自己高兴骄傲时，很多会在手势上体现出来：动作 V、挥舞拳头做高兴状、竖大拇指、双拳同时向上举等。

一个小孩子，当他对自己所完成的事感到骄傲时，便会坦率地将他的手显露出来；当他有罪恶感时，或者是对一个情况产生怀疑时，他会将手藏在口袋里或背后。

三、改善他人情绪的前提

你可以仔细寻求你和他人之间的相似之处，在这过程中，你可以发现你与对方更多的相同点。发现相同点将有助于你从小处了解转向较大的范围，有了更多的了解，彼此就可以合作、友好地解决情绪冲突，并与对方有进一步的情绪沟通，在这之前你要做的工作主要有：

1. 建立相互尊重

互相尊重才能了解与接纳彼此的观点，这是个双赢的目标。冲突的解决基于尊重的对待彼此，无论观点是否一致，只要你向对方传递了关怀之情，就是为彼此的沟通走出了第一步。

2. 找出症结所在

一场激烈的情绪冲突中，有多少次是在真正地讨论主题？不可否认，我们在很多时候所争论的常常并非是问题，而是在讨论某件事情发生的时间、责任的分配、彼此的期望等。

其实，真正的问题应包含想法和目的，举例来说：你对自己的地位和声望有受威胁的感觉时，其实你真正担心的是你想要独自控制的一切。

真正的问题可能在于你自以为是、要别人顺从你的方式，要主控、要证实自己的优越感，或是要获胜、要报复。所争论的问题在你承认真正的问题前，总是会妨碍问题的解决，而且，冲突中的对方可能并不知道你的情绪，或可能有了类似的情绪。

为权力和控制、优越感、自以为是、报复、虚荣等等的争斗，是解决冲突时所要克服的主要障碍。如果你不了解、不明确你们的问题的症结，就别想解决情绪冲突。

3. 寻求同意范围

冲突中的多数人并不了解，当他们发生冲突时，没有人可以没有对手而一个人争斗。因此，在处理冲突时，很重要的一点就是要寻求新的同意范围，将同意从争斗改变为正面的合作。

你可以自问："我到底怎样改变才能使双方关系更和谐、更愉快？我如何能改变自己的想法感觉或态度？"以此来开启寻求同意的过程。

你可以寻找一个双方观点一致的话题，用以拉近与对方的距离和认同感，这有助于你们改善关系的成功，因为如果你提供积极的活力并赋予希望，喜欢共同合作的话，解决冲突的过程就显得容易多了。

4. 努力达成共识

既然你已经找出问题所在而且付出了积极的努力，下一步就是发展试验性的解决方法。你可以从询问对方的想法或提出建设性的意见作为开始。

首先，提出解决方案。双方都提出自己的想法。其次，暂时先接受此阶段所有的想法。不要拒绝对方的想法，否则他又会沮丧和生气。解决冲突的目的必须通过双方提出想法并努力包容来达到。再次，决定一个想法或综合想法是你们双方都能够，而且愿意接受的。当你们分享权力共做决定的时候，合作也就取代了对抗，冲突也就迎刃而解了。

四、巧妙地控制他人的情绪

1. 注意他人的情绪波动

当我们尊重自己的感觉、也尊重别人的感觉的时候，就能够学会不去做无谓的说服，我们不会刚愎自用地让人相信我们是正确的，而别人是错误的；也不会再去试图改变某个人，或者强迫他与我们看问题的观点一致。我们在学会尊重别人的同时，也接受和理解了他人对事情的感受。

你能察觉周围人的情绪波动吗？如果你知道了他们的情绪状态，就会和他们建立良好的关系。

小米发现明在辉的旁边时变得越来越不自在了。她的直觉告诉她，他在嫉妒，虽然他起初否认。她无法理解为什么明会有这种反应，因为她和他独处时都对他非常热情，表现得很在乎他。她猜想明的嫉妒可能和辉长相英俊有关，而且猜测他可能对自己的外表没有信心。

小米正好在看一本有关情绪沟通的书，学习到一些技巧，也曾告诉过明。

她决定去问明是不是感到嫉妒。明的第一个反应是否认。他觉得嫉妒是孩子气的事，因此不好意思承认。

"请你老实说!"小米要求道。

"好吧，我是嫉妒。"他终于承认了。

"可是辉对我并没有特别的吸引力，我喜欢的是你。"

"不，不是那回事，我知道你很喜欢我。"他怯怯地笑着说，"可是你知道我不太会说话，而辉是那么自在、风趣，那不会吸引你吗？"

小米想了一下，"我想是吧。但是我俩单独相处时，你也很风趣啊。和他那样的人在一起是很好玩，但你才是我想交往的人。以后会不断有我们俩都认识、而且我们都喜欢的人出现，可是我还会和你在一起，因为你对我而言是最重要的，因为我爱你。"明感到心里暖暖的。

"我能问你一个相关的问题吗？"明问。小米欣然答应。"我觉得你在他面前和我保持着距离。老实说，当我们三个人在一起时，我很担心你会对我失去兴趣。"

她很吃惊："根本没有这回事!"但想了想，她说，"因为我一直认为在没有女朋友的人面前和男朋友亲热是不礼貌的。"

"我理解。"明善解人意地点头。

"不过也许我表现得太过分了。我想我们可以手牵手，或紧坐在一起，而不至于让辉感到不舒服。我只是想让你的朋友喜欢我，而我也一直小心地为他人着想。"

明更加爱小米了，因为他觉得她替别人着想，非常可爱。而小米也尽量避免过多地和辉接触。总之，他们比以前更相爱了。

有好的情绪管理能力的人会尽力理解自己与他人的情绪反应，敢于开诚布公地讨论它，并做出适当的处理。当我们尊重别人的情绪反应，并把它当做一种重要的信息源，面对面地、开放地提出问题时，经过一番沟通和行为改变，一切都会变好的。

随着我们的情绪管理能力的提升，我们对他人的了解也就变得更加准确、可靠。我们学会信任自己的感觉和看法，对他人的态度也会更开放。这种转变是借由不断明确地感知、收集回应并修正误解产生的。

2. 良言效应

人有时就是这样的：你软他就软，你硬他更硬。当别人对你的某项指令感到难以理解或不予执行时，只要你晓之以理，动之以情，一切问题都会迎刃而解。

1940年12月9日，加勒比海海面上的微风轻拂，带着一阵阵潮气。这里风景秀丽，气候宜人。

此时，美国总统罗斯福正在"塔斯卡卢萨号"驱逐舰上悠闲地欣赏着加勒比海秀丽的风光。

而此刻的大洋彼岸，英国正同德国法西斯打得不可开交。由于战争初期德国做了充分的准备，再加上他们的军队装备精良，所以，英国人顶不住了。这时，一位工作人员来到罗斯福身旁，递给他一份重要文件。这是英国首相丘吉尔写给他的信。丘吉尔在信中说，英国的财政资源眼看马上就要枯竭了，他们已无力再用现款支付和购买一切物品。但是，他们急需几千架飞机和为数可观的船只等物品，丘吉尔在信中恳请罗斯福做出史无前例的努力，只要供给他们武器就行。他们不需要美国的一兵一卒。

英国和美国的利益休戚相关，荣辱与共，这一点罗斯福心里很清楚。但是，根据美国的中立法，交战国一定要用现款购买武器装备，而且，立法还规定不许向没有偿还第一次世界大战债务的国家提供贷款，而这两条英国都占了，如何说服议会里的那些人呢？罗斯福为此大伤脑筋。

12月17日，罗斯福在华盛顿举行了一个记者会。会上，他向与会者介绍："英国目前已经没有力量拿出现款购买任何军用物资了，这一点，你们都知道。那么，我们什么也不给他们吗？我们可以这样说，保卫美国最好的办法是让英国打败德国。但是，现在让英国拿什么打败德国呢？"

台下的众多议员和记者都不说话。

罗斯福知道他们也毫无办法，便接着说道："有一天，我的邻居家里失火了，我们两家只有100米远，我这里有个水龙头，只要叫他拿去，就可以帮他将火扑灭。可是，我总不能在救火之前对他说，朋友，这条管子值15美元，你得先给我钱……"

台下传来一阵哄笑。

"你们说我该怎么办？"罗斯福向台下的人们问道。

有人说："才15美元，给他好了，给他，救火要紧。"

罗斯福说："我总不能什么都给他，今天是水管，明天可能是汽车，日子一长，我们家的东西就全没了。国家也是如此！"

台下又是一阵笑声，有人说："还是要拿钱，给钱！"

"又是钱！没有钱我们就不可能办事了吗？我可以借给他，他用完了再还给我，假如用坏了，我会叫他照赔不误的。"

"这是个好办法，是聪明人的办法！"台下有人喊道。

通过这次会议，罗斯福认识到他的租借法案有可能在国会通过，这使他一下子有了信心。

国会通过辩论，最终以多数压倒少数批准了租借法案。1941年3月11日，当罗斯福总统将它签署为法律时，他心情激动地说："我们总算有了一个能够帮助邻国的好法律。"

丘吉尔听到了这个消息后，欣喜万分："这太美妙了，罗斯福所做的一切简直太完美了。"

这就是历史上著名的租借法案，罗斯福的租借法案在第二次世界大战中做出了巨大的贡献。

具有说服力的良言是最容易感染他人的，当你对别人解释某件事的利害关系时，相信人们是懂得是非的，只要你晓之以理，动之以情，一切问题总会得到解决。

3. 一笑泯恩仇

幽默不仅能消除烦恼、增添快乐、活跃气氛，还能解决纠纷，化解尴尬。每个人的心里都会有些痛处，别人一碰就容易心浮气躁。这时不妨唤醒你潜藏的幽默感，收集一些巧答妙对来应付那些难听的话。

丘吉尔说过："除非你绝顶幽默，否则就无法处理绝顶重要的事，这是我的信念。"杰出政治家就经常用幽默化解对手的攻击或一些不便回答的问题。丘吉尔任国会议员时，某女议员素行嚣张。一天，她居然在议席上指责丘吉尔说："假如我是你老婆，一定在这杯咖啡里下毒。"

狠话一出，人人屏息。却见丘吉尔顽皮地一笑："假如你是我的老婆，我一定一饮而尽！"结果，全体议员包括那位女议员都哄堂大笑。寓讽刺于回答，果然立刻化戾气为祥和。

美国前总统林肯的长相不好，众所皆知。有一次，他针对有人谩骂他是两面派的这个问题，在集会上说："有人骂我两面派。我若是还有另一张脸，我还会愿意带这张脸来参加集会吗？"一语双关，博得一片喝彩。

拿破仑的身高只有 168 厘米。当年他担任法军总司令时，曾对比他身材高大的部下说："将军，你的个子正好高出我一个头；不过，假如你不听指挥的话，我就会马上消除这个差别。"言外之意就是，不服从命令的军人就会掉脑袋，严厉中显示出他的幽默和自信。英国上议院议员史纳托夫·里德有次发表演说，正当听众们屏息凝神地倾听之际，忽然席间一名听众座椅的脚折断了，那个人也跌倒在地上。正当他感到尴尬万分之际，里德却立刻说道："现在各位应该相信，我所提出的理由足以'压倒'每个人吧！"在众人哄笑中，他轻易地为对方解了围。

幽默，是最能去除难题的雷管，具有把悲剧转为喜剧的力量，而且只在你一念之间。心胸开朗的人，总能自信地幽自己一默，给别人带来欢笑。

随着年岁渐长，我们肩负的责任也更繁重，未清的账单、待洗的衣服、失落在年轻时代的爱情遗恨，统统的这些都是成为我们无法幽默的缘由。很多人认为幽默的方式是不正式的，经常"嬉皮笑脸"的人成不了大事。那上面的这些例子能否改变你的观念呢？我们总是把事态看得过于严重，以致忘了该如何笑，如何处之泰然。

著名的讽刺家林克雷特建议大家："当你生气时，试着想象对方正裸着身子。"这句话的真正含义是指："当你为一个难缠的人加上一副幽默的影像时，你就掌握了解决问题的绝对优势。"

　　幽默就是用趣味的眼光看待发生在你身上的种种。只在一念之间，悲剧变喜剧。请在自己的心里撒下幽默的种子，不多久，你会发现，自己是世界上最富有的人！

第二节　认识他人情绪实训项目

　　要控制自己的情绪容易，但要控制他人的情绪就很难。因此你只能通过了解洞悉他人的性格和情绪，并以此来调整自己的言行，避免伤害别人的情感，恰当地处理人际关系，从而营造和睦融洽的环境氛围。

　　思想指导人的行动，心里所想常常会体现在行动上。但要认识一个人，就必须掌握他的全部行动情况，这是以行察人的基本条件。如果仅仅依据他的一言一行而对他做出结论，必然失之偏颇。如果了解一个人的全部行动，就可以对他前后的言行进行综合分析和比较，既可以从其过去知其现在，又可以根据他现在的所作所为预测他发展的趋势与结果。

认识他人情绪实训一

✍ **情商测试**

你是一个有观察力的人吗?

实验目的：通过一套题目测试自己认识他人情绪的能力
选择最适合你的一项，然后把对应的分数加起来。

(1) 进入某个单位时，你：
　　注意桌椅的摆放。　　　　　　　　　　　　　　　　　　　(3分)
　　注意用具的准确位置。　　　　　　　　　　　　　　　　　(10分)
　　观察墙上挂着什么。　　　　　　　　　　　　　　　　　　(5分)

(2) 与人相对时，你：
　　只看他的脸。　　　　　　　　　　　　　　　　　　　　　(5分)
　　悄悄地从头到脚打量他一番。　　　　　　　　　　　　　　(10分)
　　只注意他脸上的个别部位。　　　　　　　　　　　　　　　(3分)

(3) 你从自己看过的风景中记住了：
　　色调。　　　　　　　　　　　　　　　　　　　　　　　　(10分)
　　天空。　　　　　　　　　　　　　　　　　　　　　　　　(5分)
　　当时浮现在脑海里的感受。　　　　　　　　　　　　　　　(3分)

(4) 早晨醒来后，你：
　　马上就想起应该做什么。　　　　　　　　　　　　　　　　(10分)
　　想起梦见了什么。　　　　　　　　　　　　　　　　　　　(3分)
　　思考昨天都发生了什么。　　　　　　　　　　　　　　　　(5分)

(5) 当你坐上公共汽车时，你：

　　　　谁也不看。　　　　　　　　　　　　　　　　　　　（3分）

　　　　看看谁站在旁边。　　　　　　　　　　　　　　　（5分）

　　　　与离你最近的人搭话。　　　　　　　　　　　　　（10分）

（6）在大街上，你：

　　　　观察来往的车辆。　　　　　　　　　　　　　　　（5分）

　　　　观察房子。　　　　　　　　　　　　　　　　　　（3分）

　　　　观察行人。　　　　　　　　　　　　　　　　　　（10分）

（7）当你看橱窗时，你：

　　　　只关心可能对自己有用的东西。　　　　　　　　　（3分）

　　　　看看此时不需要的东西。　　　　　　　　　　　　（5分）

　　　　注意观察每一件东西。　　　　　　　　　　　　　（10分）

（8）如果你在家里需要找什么东西，你：

　　　　把注意力集中在这个东西可能放的地方。　　　　　（10分）

　　　　到处寻找。　　　　　　　　　　　　　　　　　　（5分）

　　　　请别人帮忙找。　　　　　　　　　　　　　　　　（3分）

（9）看到你亲戚、朋友过去的照片

　　　　激动。　　　　　　　　　　　　　　　　　　　　（5分）

　　　　觉得可笑。　　　　　　　　　　　　　　　　　　（3分）

　　　　尽量了解照片上的人都是谁。　　　　　　　　　　（10分）

（10）假如有人建议你去参加你不会的游戏，

　　　　试图学会玩并且想赢。　　　　　　　　　　　　　（10分）

　　　　借口过一段时间再玩而拒绝。　　　　　　　　　　（5分）

　　　　直言你不玩。　　　　　　　　　　　　　　　　　（3分）

（11）你在公园里等一个人，于是你：

　　　　仔细观察旁边的人。　　　　　　　　　　　　　　（10分）

　　　　看报纸。　　　　　　　　　　　　　　　　　　　（5分）

　　　　想某事。　　　　　　　　　　　　　　　　　　　（3分）

（12）在满天繁星的夜晚，你：

　　　　努力观察星座。　　　　　　　　　　　　　　　　（10分）

　　　　只是一味地看天空。　　　　　　　　　　　　　　（5分）

　　　　什么也不看。　　　　　　　　　　　　　　　　　（3分）

（13）你放下正在读的书时，总是：

　　　　用铅笔标出读到什么地方。　　　　　　　　　　　（10分）

　　　　放个书签。　　　　　　　　　　　　　　　　　　（5分）

　　　　相信自己的记忆力。　　　　　　　　　　　　　　（3分）

（14）你记住领导的：

　　　　姓名。　　　　　　　　　　　　　　　　　　　　（3分）

　　　　外貌。　　　　　　　　　　　　　　　　　　　　（3分）

什么也没记住。　　　　　　　　　　　　　　　　　（10分）

（15）你在摆好的餐桌前：

赞扬它的完美之处。　　　　　　　　　　　　　　（3分）

看看人们是否都到齐了。　　　　　　　　　　　　（10分）

看看所有的椅子是否都放在合适的位置上。　　　　（5分）

评分规则

分数 = 100

你是一个很有观察力的人。对于身边的事物，你会非常细心地留意，同时，你也能分析自己，如此知人入微，你可以逐步做到极其准确地评价他人。只是，很多时候，做人不能太拘泥于细节。你也应该适当爽快一点，往大的方向去看。

75 ≤ 分数 < 100

你有相当敏锐的观察能力。很多时候，你会精确地发现某些细节背后的联系，这一点，对于你培养自己对事物的判断力非常有好处，同时也让你的自信心大涨。你需要注意的是，很多时候，你对别人的评价会带有偏见。

45 ≤ 分数 < 75

你能够观察到很多表象，但对他人隐藏在外貌、行为方式背后的东西，通常采取不关心的态度，从某种角度而言，你适当的"难得糊涂"，充满了大智慧，你很值得把自己从某些不必要的事情中"拔"出来，享受自己内心的愉悦。

分数 < 45

基本上，可以认为你不喜欢关心周围的人，不管是他们的行为还是他们的内心。你甚至认为连自己都不必过多分析，更何况其他人。因此，你是一个自我中心倾向很严重的人，沉浸于自己无限大的内心世界固然是好，但提防这样做会给你的社交生活造成某些障碍。

案例拓展

知己知彼　百战不殆

陈平在当初投奔汉王刘邦的时候，曾发生过一宗险事。那是春夏之交的时节。一天中午，天空灰蒙蒙的，碧绿的田野一片静寂。这时，从楚王项羽的军营里走出一个人，身穿将军服，佩带一把宝剑，警戒地四下看着，顺着田间小路，急匆匆地向黄河岸边赶去。这个人就是陈平。他偷渡黄河去投奔汉王刘邦。

陈平赶到河边，轻声叫来一艘渡船。只见船上有四五个人，都是粗蛮大汉，脸上露出凶相。当时陈平早已觉察到，上这条船有些不妙，但又没别的去路。他担心误了时间，楚兵会很快追赶上来，只好上了船。

船只慢慢离开了岸，陈平总算松了口气，但他敏锐地观察到，船上这几个人正在窃窃私语，相互递着眼色，流露出不怀好意的举动。"看来是个大官，偷跑出来的。""估计他怀里一定有不少珍宝和钱，嘿嘿……"

坐在舱内的陈平听到船尾两个人这样低声议论，并发出阴险的笑声时，不禁有些紧张。心想："他们要谋财害命！我虽然身上没有什么财物和珍宝，但我只是独夫一个，只有一把剑，肯定敌不过他们。如何安全地摆脱危险的困境呢？"

这时船到了河中央，速度明显地减缓了。

"他们要下手了，怎么办？"陈平眉头一皱，计上心来。

他从船内站起来，走出船舱说："舱内好闷热啊！热得我都快要出汗了。"

陈平边说边佯作若无其事地摘下宝剑，脱掉大衣，放在船舷上，并伸手帮他们摇船。这一举动，出乎他们的预料，使他们一时不知道该怎么办才好。陈平很用力地摇船。过了一会儿，他又说："天闷热，看来有一场大雨。"说着，又脱下一件上衣，放在那件外衣之上。过了一会儿，再脱下一件。最后，他索性脱光了上衣，赤着身子，帮他们摇船。船上那几个人，看见陈平没有什么财物可图，就此打消了谋害他的念头，很快把船划到对岸了。

陈平在这样的情况下，以他一介文士的身份，不论是向船家极力辩解，还是凭一时血气之勇拔剑与船家展开搏斗，恐怕都难以逃脱被船家杀害的结局。陈平能在间不容发的紧张瞬间想出办法，不露声色地把危机消解于无形，不愧为刘邦手下的一大谋士。

所谓"知己知彼，百战不殆"，陈平得以脱险完全在于他细致的观察和机智的应对。

认识他人情绪实训二

📊 情商实验

迷宫实验

实验目的：通过观察他人的面部表情，肢体语言，语音语调或其他途径了解他人的情绪变化。

实验仪器：BD-Ⅱ-401A型迷宫。迷宫中路线包括通路、转折、支路和盲巷，从起点到终点只有一条通路，要求被试者以最快的速度和最少的错误达到终点。本仪器为测试棒在槽中移动的触棒迷宫，由微电脑控制，计时计数正确，使用方便。

实验仪器使用方法：

1. 被试者在排除视觉条件下(如戴上遮眼罩，非随机件)，手持测试棒在迷宫的通道中移动，以起点走到终点作为一次实验。如测试棒进入盲巷，到达巷尾位置时，将发出一短声作为提示，并记录错误次数一次。如多次连续在同一盲巷中移动，仅记错误次数一次。

2. 测试棒进入"开始"位置，计时自动开始，当被试者手持测试棒进入"终点"位置，计时计数自动停止，并发出长声。此时显示分别表示实验进行的时间与错误次数。

3. 在实验时，测试棒应在迷宫的通道中连续移动，听见短声，应马上回退。测试棒只能在槽中移动，不得抬起离开通道。

4. 进行第二次实验可以直接使测试棒进入"开始"位置，实验重新开始。

5. 实验中途停止可按"复位"键。

实验步骤：

1. 对学生进行分组，每组学生至少2人。

2. 每组学生一人被蒙上眼睛按照上面使用方法进行实验仪器操作，另外的学生观察实验操作者在整个实验过程中的情绪变化。主要观察被测者成功完成实验和遇到困难时的面部表情、肢体语言以及语气语调。

3. 被测者之间角色互换，重复以上实验。

💬 知识拓展

在面临强烈的情感波动时，人们脸上或欣喜或悲痛的表情稍纵即逝。一项新的研究表明，他人更容易通过一个人的肢体语言来了解其强烈的情感，而不是通过面部表情。

"大多数对面部表情的研究是以可辨识的固化表情——比如照片中的表情——为基础的，但是固化的照片往往不能准确反映人们的实际表情。"以色列耶路撒冷希伯来大学的神经心理学家希勒尔·阿维泽说。而且，当情绪到达一定极端程度时，强烈的悲痛、喜悦、伤感或者愤怒的表情会惊人地相似。至少从脸上看，"你是无法区分极度悲痛和极度喜悦的"。阿维泽说。

不过大多数人好像很容易分辨另一个人是悲伤还是喜悦。如果不是表情，那是哪些东西在提示我们呢？阿维泽和同事将45名美国普林斯顿大学的学生随机平均分成3组，向他们展示了专业网球运动员的照片(如图5-2)。照片上的运动员都刚刚在一场重要比赛中胜利或者失败。学生们将这些表情扭曲的照片评级，从1分到9分按照消极到积极的顺序排序。第一组的学生可以看到运动员全身的照片，第二组只能看到运动员的身体，第三组只能看到运动员的脸。结果只有最后一组学生很难做出正确的判断。这表明不能仅靠面部表情来判断运动员的情绪。

然而，在一项独立试验中，20名参与者被问及他们是利用身体语言或面部表情还是两者同时，来判断人的情感时，80%的人相信他们可以仅通过面部表情来判断。"这个结果表明人们偏信面部语言胜过身体语言。"阿维泽说。

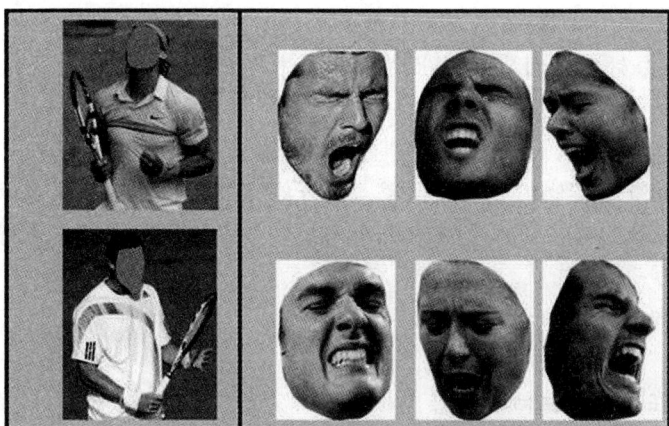

若没有身体语言的提示，很难分辨出网球选手是赢者还是输家。

图 5-2

为了解身体姿势在其他情境下是否也更能表达情感，研究者们对人们处于强烈情感中的照片进行了类似的试验：葬礼上的哭泣，夺得电视真人秀的大奖，乳头或者耳朵被刺痛等。同样，在不提供身体语言的情况下，判断者很难准确读懂面部表情。他们偏向于将积极情绪的表情看成消极情绪。

然而，旧金山州立大学的心理学家大卫·松本对阿维泽的研究持怀疑态度。在他的研究中，运动员胜利时的表情是其竞争优势的信号——并不完全是一种"积极"情感。

"这一研究结果可以帮助那些难读懂别人表情的人们。"阿维泽说。"也许在我们读别人的情感时，应该少看一些脸部表情的作用。"要读懂别人的情绪，首先要观察周围环境，他说，"然后看别人的身体语言，最后再看他的脸。"

认识他人情绪实训三

📋 情商小·实验

善解人意

实验目的：能够站在他人的角度考虑问题，通过交流能够了解他人情绪，把握他人的情绪变化，设身处地地为他人着想。

实验步骤：

1. 把受训者分组，每组 4 人，然后发给每组一个任务卡。每张卡上写着一件商品的名字以及它应卖给的特定人群。要注意，这些人群看起来应不需要这些商品，实际上应该完全拒绝这些商品。比如向非洲人销售羽绒服，向爱斯基摩人销售冰箱等。总之，每个小组面临的挑战是，销售不可能卖出的商品。

2. 每个小组应根据任务卡的要求准备一条 30 秒的广告语，用来向特定人群推销商品。该广告应注意以下三点：

(1)该商品如何改善特定人群的生活。

(2)这些特定人群应怎样有创造性地使用这些商品。

（3）该商品与特定人群现有的特有目的和价值标准之间是如何匹配的。

3. 给每组20分钟的时间，按照上述三点要求写出一个30秒钟长的广告语，要注意趣味、创造性。

4. 其他受训者暂时扮演那个特定人群，认真倾听该小组的广告词，应该根据广告能否打动他们，是否激起了他们的购买欲望，是否能满足某个特定需求来做出判断。最后通过举手的方式，统计出有多少人会被说服而购买这个产品；有多少人觉得这些推销员很可笑，简直是白费力气。

5. 选出优胜的一组，给予奖励。

相关讨论：

1. 善解人意在我们的生活和工作中扮演何种角色？做到这点是否给你带来了好处？

2. 为了与你的客户甚至是反对你的人心意相通，你需要作出哪些让步和牺牲？

3. 在推销你们组的商品时，你们是怎么分析特定人群和此商品的关系的？你们是否考虑过他们的习惯、需要、想法和价值标准呢？

4. 你一定遇到过这种情况：有时候你的目标和他人的需要并不一致，你纵有雄心壮志却无人欣赏？在做这个游戏之前你怎么处理的？做过这个游戏你将如何改进你的方法？

实验总结：

1. 在这个游戏中，每个人都必须采用他人的视角。第一次是把自己看成你的目标人群，以他们的眼光看你的产品；第二次是其他学员以卡片中特定人群的视角，倾听广告。

2. 讨论一下"情商"——善解人意，以他人的价值标准和能力为基础实现自己的目标。善于成功的驾驭这种能力的人能够感动和影响他人。

💬 知识拓展

如何辨识虚伪的人

虚伪的人只能骗我们一时，却不能骗我们一世。但是，如果能够及时识破他的虚伪，也能够避免走很多弯路。

虚伪即不诚实，欺骗别人，说谎是其必然的手段。理查三世（1452—1485年）时期的著名建筑师黑斯廷斯宣扬说，"我认为在信奉基督教的国家里，从来就没有一个人能将他的爱和恨隐藏于心底，因为只要你透过他的面部表情就能够了解他的内心世界。"然而令人惊奇的是，我们识别谎言的能力往往较弱。在一次很有代表性的研究中，对109个人进行观察，只有3个人识别谎言的概率超过70%。

大家常常认为紧张不安是欺骗行为和说谎的信号。或许情况真的是这样，但是有些人在自然的情况下也会坐立不安，更有甚者，另外一些人即使说的全是真话，还是怕别人怀疑他而显得坐立不安。同时有些人则全不同，即使他们说谎也能表现得心平气和充满自信。有时还认为一个游离的眼神是不诚实的标志，事实上，我们眼神向下或偏向一边是由于内心的负罪感或害羞——这就像由于悲伤而双目垂视，由于厌恶和愤恨而将目光偏向一边。然而有时凝视的眼神却是一个不诚实言语的线索。撒谎者事先处理了不安的情绪和游移不定的眼神，并设法掩饰这些表情。

识别谎言的一个关键线索就是微笑。说谎人的微笑很少表现真实的情感，更多的是为了掩饰内心的感情世界。研究显示微笑并伴随着较高的说话音调是揭穿谎言的最有力的证据。

假笑源于情感的缺乏。由于缺乏感情，微笑时神情显得有些茫然，嘴角上扬，一副愉快的病态假象，好像在说：这绝非是我的真实感受。假笑的识别也许更为困难，而下面的几种面部表情会无意识地将一个人的假笑暴露无遗：

第一，笑时只运用大颧骨部位的肌肉，只是嘴动了动。眼睛周围的轮匝肌和面颊拉长，这就是假笑。因此假笑时面颊的肌肉松弛，眼睛不会眯起。狡猾的撒谎者将大颧骨部位的肌肉层层皱起来补偿这些缺憾，这一动作会影响到眼轮匝肌和松弛的面颊并能使眼睛眯起，从而使假笑看起来更加真实可信。

第二，假笑保持的时间能特别长。真实的微笑持续的时间只能在2/3秒到4秒钟之间，其时间长短主要取决于感情的强烈程度。而假笑则不同，它就像聚会后仍然不肯离去的客人一样让人感到别扭。这主要是因为假笑缺乏真实情感的内在激励，所以我们就不知道何时将其结束。其实，任何一种表情如果持续的时间超过10秒钟或5秒钟，大部分都可能是假的。只有一些强烈情感的展现如愤怒、狂喜和抑郁属例外，而这些表情持续的时间常常更为短暂。

第三，当看到他人有感情的真笑自然褪去时，假笑也会随之而去。对于绝大部分表情来说，突然的开始和结束就表明我们在有意识地运用这种表情。而只有惊奇是例外，它一闪即过，从开始、保持到停止总的时间不会超过一秒，如果持续时间更长，他的惊奇就是装出来的。很多人能模仿惊奇的表情动作——眼眉上挑，嘴巴张大——但很少人能模仿惊奇的突然开始和结束。

第四，假笑时，面孔两边的表情常常会有些许的不对称。习惯于用右手的人，假笑时左嘴角挑得更高，习惯于用左手的人，右嘴角挑得更高。

极细微的表情展现常常是我们识别谎言的关键，以表情的细微变化作为识别谎言的证据相当不易。一个更为复杂也更为普遍的现象是：说大话唬人。当一个人感到他那伪装的表情失败了，通常情况下，他还会用微笑迅速将其掩盖。而有些人则通过说大话唬对方来隐藏其内心的真实情感，它保持的时间比表情发生细微变化持续的时间要长。在这期间，我们甚至不能明了说话者的真实情感，而能察觉到的常常只有大话本身。

眨眼速率的加快和瞳孔的变大也是内心变化的正常反应。除了含糊其辞支吾搪塞外，它们还能表达激动、忧虑、恐惧、愤怒以及其他强烈情感。当说话者所说的话与其内心的强烈情感不相称时，眨眼的速度就会变慢或变快，因此眨眼对我们特别有用。这些都需要耐心和细致的观察力，要一眼就能够识别虚伪的人，是很困难的，只有通过理论，再加上实战经验，才能保持敏锐的知人察人的能力。

认识他人情绪实训四

📝 情商·小·游戏

杀 人 游 戏

实验目的：通过倾听他人的言论和观察他人的表情、眼神、肢体语言等去了解对方的情绪，从而推断对方的情绪变化。游戏吸引人的地方在于具有一定的挑战性，在指证杀手和自我辩解的过程中，如何设法掩饰自己的杀手身份，如何理智地猜测真正的杀手，非常考验个人的判断力、说服力和表述能力。

游戏人物：

法官：控制游戏进程的人。明确每个人的身份，要做到绝对公正。

杀手：每晚出动杀一人。

警察：每晚出动指认一位杀手，法官会反馈是否正确。

平民：夜晚始终闭上眼睛，对杀手行凶完全不知。

参加人数及警匪配置：

参加人数限定在7~16人范围内。

其中玩家数在

7~10人则为2警2匪配置，

11~14人为3警3匪配置，

15~16人为4警4匪配置。

基本原则：

1. 警察：找出杀手并带领平民公决出杀手。

（公决：通过投票令游戏者中一人出局的行为）

2. 杀手：找出警察并杀掉。

3. 平民：帮助警察公决出杀手。任何时候平民都不得故意帮助杀手。杀手千方百计充好人，贼喊捉贼，假仁假义，迷惑平民；而警察就是责无旁贷地抓住杀手，伸张正义，平民就协助警察找出杀手。整个游戏中只有1人心知肚明，那就是法官，可是法官不能吐露半句真相。游戏最终是正义战胜邪恶，还是坏人终究得逞，全凭游戏者的智力和经验。

游戏规则：

以10人为例：

1. 根据人数准备好11张牌，按照不同的花色事前规定好法官1人、杀手2人、警察2人，平民6人。

2. 法官开始主持游戏，众人要根据所抽到牌的身份听从法官的口令，不可作弊。

3. 法官说：黑夜来临了，请大家闭上眼睛睡觉了。此时只有法官一人能看到大家的情况，等大家都闭上眼睛。

4. 法官又说：请杀手睁开眼睛，出来杀人。听到此令，只有抽到杀手牌的两个杀手睁眼互相认识一下，成为本轮游戏中最先达成同盟的群体。任意一位杀手示意法官，杀掉在座的任意一位。

5. 法官看清楚后说：杀手闭眼。这时候所有杀手立刻闭眼。一轮黑夜中只可以杀死一人。

6. 接着法官说：警察请睁眼。抽到警察牌的警察睁开眼睛相互认识后，可以怀疑闭眼的任意一位为杀手，同时，法官向警察示意怀疑对象是否杀手，法官大拇指向上表示怀疑对象是杀手，法官大拇指向下表示怀疑对象不是杀手。

7. 完成后，法官说：警察请闭眼。稍后说：天亮了，大家都可以睁开眼睛了。

8. 法官宣布谁被杀了，此人为第一个被杀之人。被杀者可以留下遗言，说罢，被杀者在本轮游戏中将不能够再发言。法官主持，众人从被杀者下一个人开始顺时针挨个陈述自己的意见，提出自己的怀疑对象。

9. 陈述完毕，由法官主持大家按顺时针的顺序举手表决，得票最多的那个人本轮出局，可以留遗言(留遗言人数与警匪人数相同。即如果是3警3匪配置，则前后3个死人，包括被杀者和被公决者，可留遗言)。

10. 在投票过程中，如出现得最多票数者达到一人以上，则由平票者进行再一轮的发言，发言过后再次对平票人进行投票，得票多的人出局；若再次出现平票，则由平票人以外的其他人逐一发言，之后投票，得票多的人出局；若仍然平票，则本局为平局。

11. 在聆听了遗言后，新的夜晚来到了。又是凶手出来杀人，然后警察确认身份，如此往复，杀手杀掉全部的警察，杀手获胜，所有的杀手出局，则平民与警察获胜，如果平民全部被杀则是平局。

杀人游戏胜负判定方法：

1. 杀手一方全部死去，警察一方获胜。

2. 警察一方全部死去，杀手一方获胜。

3. 平民全部死去为平局。

4. 平民的胜负与警察相同。即，警察赢则平民为赢；警察输则平民为输。

5. 在投票过程中，如出现得最多票数者达到一人以上，则由平票者进行再一轮的发言，发言过后再次对平票人进行投票，得票多的人出局；若再次出现平票，则由平票人以外的其他人逐一发言，之后投票，得票多的人出局；若仍然平票，则本局为平局。

注意事项：

1. 游戏过程中，法官享有绝对权威，任何人不得以任何形式(包括语言、表情、动作等)对法官提出质疑。如有疑问请在一局游戏结束后提出。

2. 游戏本着娱乐的目的，请避免带有个人情绪的行为及进行人身攻击。

3. 请勿使用以人格、名誉、性别等手段赌咒发誓的非正当方法取得他人信任。

4. 游戏过程中发言须在轮到自己发言时发言，别人发言时即使被提问也无权回答。

5. 除特殊情况外，游戏以警察或杀手一方全部出局为结束标准。玩家(平民除外)有权选择投降，但己方尚有同伴活着的时候严禁投降。

6. 游戏中严禁亮牌。法官未宣布游戏结束前，任何人无权提前结束游戏。

7. 杀人或验人或自杀时要少数服从多数，法官也将遵循这一准则确定结果。

8. 不允许连续两局第一轮杀同一个人。

9. 游戏时玩家之间禁止任何形式的身体接触。

10. 发言应尽量言简意赅。玩家须认真倾听他人的发言，过后请勿询问。

11. 投票时应事先做好决定，不得跟票或补票。跟票或补票将被记为无效票。

12. 游戏过程中玩家因私事需要临时外出时要征得他人的同意。

13. 已经出局的玩家可以离席，也可以继续观看游戏，但不得做出任何影响游戏进行的举动。

14. 游戏中误睁眼的玩家需主动申请出局。如本人未主动要求，则法官有权判其出局。

15. 请勿做任何作弊动作。任何时候法官都有权令违反规则的玩家出局。

实验总结：

如果你是"好人"：

1. 做好充分心理准备：被"杀"死的准备。在第一夜，"杀手"会无情地"杀"死一个好人，在座的每个人都可能成为第一个受害者。这个人会死得很难看，天亮时，你已经死了，而每个人看上去都很无辜。但你还要留下线索，这时往往"直觉"作用很大，判断失误率也较高，很可能误导剩下的好人。此后惨案陆续发生，好人的神经也更紧张，黑夜里你可能死于"杀手"刀下，白天你可能死于好人们的"误杀"。

2. 要用自己的"风格"(沉默？微笑？辩解？澄清？)让大家相信你真的是"好人"。大多数时候，真诚是很重要的，尤其在人多时，你的犹豫和不坚定会掀起群体性的怀疑和攻击。

3. 一定要指出你的怀疑对象。因为比较嫩的"杀手"总是指东指西，一副犹疑不决的样子。作为好人，你一旦表现得不确定，好人们不会对你手软的。

4. 注意观察被"杀"者顺序。任何一个"杀手"都有自己的"杀人"风格。比如先"杀"男的再"杀"女、先"杀"身边的再"杀"对面的等等。而且，当有两个或两个以上"杀手"时，你要考虑什么样的"杀手"组合会以什么样的顺序"杀人"。这里的经验是：优秀的"杀手"总是先"杀"不太受人注意的人物，因为他们留下的线索最少。

5. 注意投票裁决"杀"人时的举手情况。稚嫩的"杀手"容易跟风，他会在关键时候最后举手(或不那么坚定)，以便到达"杀"一个人要求的半数票。

6. 找出比较嫩的"杀手"用逻辑，但遇到手段高超的"杀手"，你就要凭感觉了。有一个绝密：当游戏进行到最后，那个表现最成熟、理由最充分、看起来最无辜的家伙，必定是"杀手"。

如果你是"杀手"：

1. 绝对镇定。第一次当"杀手"的人总是按捺不住激动，这从脸色、小动作、谈话语气中就暴露了。而真正的"冷面杀手"最好面无表情，至少在刚刚拿到"杀手"牌的时候要做到。

2. 尽量自然。在游戏进行中，你要像往常一样，该说就说、该乐就乐、该沉默就沉默，不要让人家看出你与上局游戏中的表现差别太大。

3. "杀"人要狠。无论是单个"杀手"行凶还是多个"杀手"合谋，"杀"人时一定要迅速决绝，不要心慈手软。一般"杀"死大家认为与你很亲近的人，最能赢得别人的信任，好人们会以为你不可能这么无情。

4. 先杀那些不爱说话的。因为这样的好人多是还没想清楚，他死了，一般不会留下对你不利的"遗言"。不过这也要见机行事，有时候留下那些摇摆不定的好人，会让局面更乱，你就可以乱中取胜了。

5. 指证"杀手"时要明确，举手投票"杀人"时要坚定。"杀手"要明确，除了在黑夜里你可以肆无忌惮地"杀"人，在白天你可是个"大好人"，你要坚决地指认你认为的"杀手"，还要为你认为的好人辩护。学会帮好人说话，往往可以赢得好人的好感，你自己隐蔽得就更深了。

6. 当人数越来越少，局势越来越清晰的时候，"杀手"一定要表现得思路清晰。每次发言你都要澄清两个问题：你为什么不可能是"杀手"；谁谁为什么一定是"杀手"。但是，别忘了人是有感情的动物，这时候，诚恳、简洁的解释更为有力。

如果你是"法官"：

按程序办事。因为事关"生死"，每个人都想说话。这个游戏容易造成一片混乱的局面，法官要像裁判，严格按程序办事，发言者言尽则止，不许反复陈说。所有判决都要经过举手投票表决，因为人们往往在投票的刹那念头就发生了变化。

💬 知识拓展

驴子和骡子

驴子和骡子分别驮着货物赶路，驴子由于弱小难以负担，非常有礼貌地请骡子帮它分担部分货物。但骡子置若罔闻，毫无同情之心。当它们走到山路上时，驴子滚到山下摔死了，驮夫只好把所有的货物都放在骡子身上。这时它追悔莫及，只有艰难地向前移动。

学会体谅他人并不困难，只要你愿意认真地站在对方的角度和立场看问题。

认识他人情绪实训五

✍ 情商小游戏

我　理　解

知识目标：

1. 让学生学会站在他人的角度思考问题。

2. 学会关心、体谅别人，有爱心。

能力目标：

1. 使学生能学会如何站在他人角度思考问题。

2. 如何通过活动增进学生同理心的程度。

情感、态度、价值观：

学会站在他人的角度看问题，而不是光从自己这方面来考虑问题。培养学生无论是对同学、老师、家长都有一个同理心，能够学会宽容待人。

教学准备：

有字卡片；《三国演义》里"草船借箭"中诸葛亮与鲁子敬一起坐船，前往曹营的片段；让学生思考回答的问题资料。

教学过程：

1. 导入

"猜字游戏"：今天我们先来做一个游戏。下面请出两位同学上台。有哪两位同学自动请缨的呢？好。我们的游戏叫"猜字游戏"。相信你们也看过或者做过。就是一位同学通过动作或言语解释，但解释时不能出现要猜的字，另一位同学则去猜（约三组，15分钟，先让学生可以有语言地解释，接着就是只能用动作表演解释)。

问题：

(1)有语言的解释与只有动作的解释，哪个更容易？

(2)大家想一下，今天的游戏有可能说明了什么呢？(有学生会回答心灵相通之类的，可稍加赞赏，因为心灵相通与同理心有一定程度上的符合)

小结：理解是游戏成功的关键。在人际交往中，理解也是必不可少的。缺乏理解的人际关系就会缺少关爱与情感。心理学上有个专业名字叫"同理心"。在心理咨询里面，它就叫做"共情"，其实原理是一样的，就是站在他人的角度思考问题，急人之急，忧人之忧。"同理心"决定着我们人际的敏感度。而人际敏感度又很大程度上影响着我们的人际关系。所以，我们得学会站在他人角度思考问题。

2. 拓展(主体活动)

(1)刚才的游戏只是让我们了解了一下理解与"同理心"的作用。下面我们要来练习一下，如何培养自己的"同理心"。我这里准备了《三国演义》中"草船借箭"的一个片段。大家带着两个问题去看，完后认真思考，并将你们的答案说出来。

问题1：当时的鲁肃心情如何？他可能的想法是什么呢？

问题2：当时诸葛亮的心情又如何？他的想法又可能是什么？

(2)接下来，我们继续思考几个问题。通过这些问题，培养大家的"同理心"。大家好好想一下，如果你是当时的主角，你会怎么想？又会有什么样的感受？(共四个问题)

课堂总结：人际交往中，往往需要大家站在他人的角度思考一些问题，如果大家的"同理心"能力不强，那么在体会他人感觉时就体会不准确，这样就影响到大家的交往。所以，希望各位同学尝试着多转换角度思考问题，努力提升自己的人际能力。

问题资料：

问题1：小B人比较文静，不爱参与班上活动，常常独来独往，班上其他同学都说他很古怪，并用怪异的眼神看他。

如果你是小B，你会有什么感受？

你希望别人如何待你？

问题2：小A是某班的女同学，没有苗条的身材，挺胖的，她从不主动跟别人聊天，在被动跟别人交往时，她也是显得挺紧张的，而同学们也偶尔在背后议论她。

如果你是小A，你会有什么感受？

你希望别人怎么样对待你？

问题3：小A最近明显感觉到同年级里的小B常以仇恨的眼神瞪她，有时偶尔碰面时，小B还会口出脏言粗语骂他。

如果你是小A，你会有什么感受？

又会怎么想？

你又希望小B怎么样做？

问题4：甲和乙之前感情挺好，可是最近一段时间里，乙和丙相当好，他们中午一起吃饭，放学后一起，而渐渐冷落了甲。

如果你是甲，你会有什么感受？

又会怎么想？

你希望乙和丙怎么样做？

认识他人情绪实训六

✍ 情商·小游戏

盲人走路

游戏介绍：

在日常的学习、生活中，我们不难听到这样的对话，老师(或家长)："你啊，能不能体谅一下做老师或家长的一番苦心，不能再抓紧点时间，努力一把，把学习搞上去？"学生："我已经很用功、很努力了，难道活着除了学习，提高成绩，考上大学，就没有别的事？世界这么精彩，生命如此短暂，难道我就不能做点学习以外的事吗？"

下面我们来做一个游戏：盲人走路

教师根据教室大小，请3~4组学生参加游戏，每组2人。具体游戏方法如下：

(1)两名学生中的一人扮演盲人，另一名学生扮演向导。

(2)用毛巾或三角巾蒙住"盲人"的眼睛，"向导"用手拉着"盲人"的手，一起站在教室后方。

(3)在"向导"的扶持下，"盲人"从教室后方走到黑板前，绕讲台一周，在各列桌椅中穿行一次，然后再回到原地。

(4)几组同学可以走相同的路线，但为了避免相互碰撞，前后要相隔一段距离。

(5)整个过程中，"盲人"不能睁眼或伸手摸着桌椅、讲台，完全依赖于"向导"，其他学生也不能给予任何提示。

(6)"盲人"能安全回到原地者即为胜利。

为了提高学生们的兴趣，教师还可以根据情况增加内容，如：多设几个路障；"向导"不用手拉着"盲人"，而是完全用口头指令；增加一组学生参加游戏等。但是，由于时间和空间的限制，不可能让每个学生都体验一下做盲人的感受，学生可以在下课后再做这个游戏，做游戏时注意安全。

教师提问刚才分别扮演盲人和向导的学生，在游戏过程中有何感受？并问全班学生，这个游戏说明了什么？

游戏总结：

1. 告诉学生：这个世界需要理解、关心和爱。有一种能力叫做"同理心"，它是心理咨询学术语，就是设想其他人的生活状况和心情的能力。这种能力能够帮助学生站在他人的角度上考虑问题，理解他人，并尽力为他人提供方便和帮助。同时，当与别人发生争执时，或不同意对方的观点、行为时，学会问问自己："如果我是他，在那种情况下，我会怎样想或怎样做？"

2. 告诉学生：每个人在学习、生活中常常需要别人的帮助，这种需求并非都是"说"出来的，有许多是通过身体语言表达出来的。学生们应学会观察、读懂这些身体语言，理解他人的心情。此外，能够设身处地地为他人着想，不仅使学生具有爱心，受人欢迎，而且有助于在与别人发生矛盾时解决问题。

课后练习

请学生思考：对于爸爸、妈妈、爷爷、奶奶等亲人，你该怎样在日常生活中关心、体贴他们？此外，你身边还有没有需要你帮助的人，你应该怎样去帮助他们？

📋 案例拓展

第六枚戒指

在美国经济萧条时期，只有一张中专毕业证书的 17 岁女孩玛利亚，好不容易找到一份临时工作，在一家珠宝店当售货员。她的母亲喜忧参半：一方面家有了指望，另一方面又为女儿的毛手毛脚而担心。

这份工作对玛利亚母女太重要了。中学毕业后，正赶上大萧条，一个差事会有几十个甚至上百个的失业者争夺。多亏母亲在面试前赶做了一身整洁的海军蓝套装，玛利亚才得以被这家珠宝店录用。在商店的一楼，玛利亚干得挺欢。第一周，受到领班的称赞。第二周，玛利亚被破例调往楼上。

楼上珠宝部是商场的心脏，专营珍宝和高级饰物。整层楼排列着很大很气派的展品橱窗，还有两个专供客人选购珠宝的小屋。玛利亚的职责是管理商品，在经理室外帮忙和传接电话，要干得热情、敏捷，还要防盗。

圣诞节临近，工作日趋紧张、兴奋，玛利亚也忧虑起来。忙季过后玛利亚就得走了，恢复往昔可怕的奔波日子。然而幸运之神却来临了。

一天下午，玛利亚听到经理对总管说："那个小管理员很不赖，我挺喜欢她那个快活劲。"

玛利亚竖起耳朵听到总管回答："是，这姑娘挺不错，我正有留下她的意思。"

这让玛利亚回家时蹦跳了一路。

翌日，玛利亚冒雨赶到店里。距圣诞节只剩下一周时间，全店人员都绷紧了神经。玛利亚整理戒指时，瞥见那边柜台前站着一个男人，高个头儿，白皮肤，大约三十来岁。他脸上的表情吓了玛利亚一跳，他几乎就是这不幸年代的贫民缩影。一脸的悲伤、愤怒、惶惑，犹如陷入了他人置下的陷阱。剪裁得体的法兰绒服装已是褴褛不堪，诉说着主人的遭遇。他用一种永不可企的绝望眼神，盯着那些宝石。

玛利亚感到因为同情而涌起的悲伤，但玛利亚还牵挂着其他事，很快就把他忘了。

小屋打来要货电话，玛利亚进橱窗最里边取珠宝。当玛利亚急急地挪出来时，衣袖碰落了一个碟子，六枚精美绝伦的钻石戒指滚落到地上。总管先生激动不安地匆匆赶来，但没有发火。他知道玛利亚这一天是在怎样干活，只是说："快捡起来，放回碟子。"

玛利亚弯着腰，几欲泪下地说："先生，小屋还有顾客等着呢。"

"我去那边，孩子。你快捡起这些戒指！"

玛利亚用近乎狂乱的速度捡回五枚戒指，但怎么也找不到第六枚。玛利亚寻思它是滚落到橱窗的夹缝里了，就跑过去细细搜寻。没有！玛利亚突然瞥见那个高个男子正向出口走去。顿时，玛利亚明白戒指在哪儿了。碟子打翻的一瞬，他正在场！

当他的手就要触及门柄时，玛利亚柔声叫道："对不起，先生。"

　　他转过身来。漫长的一分钟里，他们无言对视。玛利亚祈祷着，不管怎样，让我挽回我在商店里的未来吧！跌落戒指是很糟，但终会被忘却，要是丢掉一枚，那简直不敢想象！而此刻，我若表现得急躁——即便我判断正确——也终会使我所有美好的希望化为泡影。

　　"什么事？"他问。他的脸肌在抽搐。

　　玛利亚确信她的命运掌握在他手里。玛利亚能感觉得出他进店不是想偷什么。他也许想得到片刻温暖和感受一下美好的时辰。玛利亚深知什么是苦寻工作而又一无所获。玛利亚还能想象得出这个可怜人是以怎样的心情看这社会：一些人在购买奢侈品，而他一家老小却无以果腹。

　　"什么事？"他再次问道。猛地，玛利亚知道该怎样作答了。母亲说过，大多数人是心地善良的。玛利亚不认为这个男人会伤害自己。玛利亚望望窗外，此时大雾弥漫。

　　"这是我的第一份工作。现在找个事儿做很难，是不是？"玛利亚说。

　　他长久地审视着玛利亚，渐渐的，一丝十分柔和的微笑浮现在他脸上。"是的，的确如此。"他回答，"但我能肯定，你在这里会干得不错。我可以为你祝福吗？"

　　他伸出手与玛利亚相握。玛利亚低声地说："也祝您好运。"他推开店门，消失在浓雾里。

　　玛利亚慢慢转过身，将手中的第六枚戒指放回了原处。

　　玛利亚是一个同理心情商很高的人，她既具备自我觉察力，又能很好地控制自己的情绪，这种能力帮她正确地揣摩那位男子的心情和感受。最后，玛利亚成功地找回了戒指，保住了工作，而且还为那位男子提供了一个"回头是岸"的机会，让他真正体会到了宽容的力量。

　　弗洛伊德说过："人无秘密可言，即使他们嘴上不说，内心的秘密也会通过每一个毛孔泄露出来。"

　　其实，每个人天生都有体察他们情感和情绪的敏感性。如果一个人不具备这种敏感性，就会产生"情感失灵"。这种失灵会使人们在社交场合做傻事，或者误解别人的情绪；或者对别人的感受无动于衷；或者说话和行为不考虑时间和场合。所有这些都会导致对别人的不理解、不宽容、不谅解，从而也会致使别人对自己产生误解。

　　我们应该培养同理心，学着设身处地地为他人着想，学会从对方的立场来看问题，这样会使自己的观点更客观，态度更冷静。如果人人都能用一颗同情之心对待他人，那么到处都会呈现和睦融洽的景象，生活也会变得更加美好！

第六章
人际关系处理能力实训

案例导入

在如胶似漆中体会如履薄冰

一直以来，我和斐儿就像玩跷跷板的两个孩子：关系好的时候，两人都往中间聚拢，不分彼此；一旦面临竞争，两人则迅速退后，必争高下。

几年同窗，我们两个"死党"就这样在竞争中分分合合，远远近近，直到现在。

初入大学，我和斐儿就断定彼此是同一类人，我们有共同的理想、共同的兴趣。本以为志同道合会让彼此的心走得更近，不曾想，正是种种高度一致的追求，让我们时时站在一块逃生甲板上，而救生衣常常只有一件。

有一次，我报名参加学院的朗诵比赛，第二天才知道斐儿也报了名。在准备比赛的过程中，两人的关系第一次变得如此微妙。我们不约而同地不去和对方讨论这一话题，而是让寝室其他人帮忙看稿子、掐时间、出主意。

有人奇怪："你们两个这么好，为什么不一起讨论?"我只得找借口："她又没主动找过我。"后来听说，斐儿也以此为借口。

寝室其余6个人，在我和斐儿的潜意识分割下，自动分为两大阵营。彼此之间不沟通、不交流，直到比赛的前一分钟，在台下形成了类似电视节目中"红队"和"蓝队"两大阵营。

不知为什么，我突然有一个奇怪的心理：我宁愿两人都没获奖，因为这样就不会面对赛后的尴尬。我不想因为自己胜利表现出的兴奋让斐儿痛苦难过，也不想斐儿获奖后表现出优越而令我无地自容。

结果，斐儿如我所愿落选了，可我却站在了领奖台上。我没有像别的选手一样欣喜若狂，而是像做错事一般忐忑不安，不知道接下来该如何面对斐儿。安慰吧，她会不会说我兔死狐悲? 不理吧，她会不会又以为我恃才自傲?

后来我的做法是，干脆什么都不说，等一个合适的契机自然愈合。之后，我们的关系就在这样的自然愈合机制中没有出现大碍，但是也隐患重重，通常会折磨彼此一段时间。

大学里涉及竞争的事情很多，比如进学生会、入党、评奖学金、参加学科竞赛等，奇怪的是，参加竞争的人很多，人选也并非一个，而我们却时刻把对方定为"假想敌"。在"假想敌"思想的作怪下，我们的关系一直很微妙。

接着是考研。这是一个长久的准备过程，选择本校同专业的我们开始并肩作战。我们一起进辅导班，去图书馆，上晚自习，可最终发现，在资料分享和共同学习的时候，我们总是避免着交叉碰撞。比如，她遇到难题时会问别人，虽然我可能更擅长；再比如，我有内部消息的时候她也不会主动过来问，而是辗转从别人那里获得。

当然，我也有一些自己也不理解的举动。比如，故意将学习表现得很轻松，而实际上暗自努力；故意和别人打成一片，而对斐儿的要求视而不见。

我们都以表面上的不经意诠释着自己内心的在意，结果是两败俱伤。考完研的那个寒假，我们谁也没有主动和对方联系。我想我们的友情就这样完了。

一段时间的思考后，我才发觉我们从来没有站在对方的角度上考虑问题，而时刻强调自己的感受。如果我们能够找到一个良好的心理平衡点，"竞争"会不会对我们来说不再是伤害，而是一种促进？

可惜的是，我无法将其化解为动力，我和斐儿的关系至今如此。我们读研究生同系，却很少有人知道我们曾是本科四年的好朋友；我们之间有时如胶似漆，却也常常如履薄冰，遇到竞争事件，我们依然会躲得远远的，彼此打量，而不会放下包袱真心支持对方……有时候我都怀疑，我们是不是真正的好朋友？真正的好朋友该如何对待竞争？

第一节　人际关系处理概况

一、人际关系的含义及动机

1. 人际关系的含义

人际关系也称"人际交往"，是指社会人群中因交往而构成的相互依存和相互联系的社会关系。由定义可知，人际关系本质上是一种社会关系。

每一个人都生活在一定的社会关系中，任何人都不可能脱离社会关系，因而人们会时时受到各种社会关系的影响和制约。社会关系是多种多样的，有同事关系、队友关系、朋友关系、师生关系等。我们不断地和不同的人接触，便产生了不同的社会关系。人际关系正是蕴含在这些社会关系之中，并通过这些关系反映出来。

2. 人际关系的动机

心理学家舒茨于1958年对大量有关社会行为的资料进行了分析，结果发现，在人际关系的动机方面，有三种基本的人际需要，即包容需要、控制需要、感情需要。我们可以根据这三种基本人际需要和相应的行为表现，来描述、解释和预测人际关系现象。

（1）包容需要。包容需要指人们希望与别人发生相互作用，建立联系，并建立和维持和谐关系的需要。由这一需要激发的人际交往动机与行为，基本取向是增进人与人之间的相互作用水平，因而以交往、沟通、归属、参与、融合为特征；这一需要的反向表现取向则是降低人与人之间的相互作用水平，它使人们的人际交往带有孤立、退缩、疏离、忽视、排斥的特征。

（2）影响需要。影响需要指在影响力方面与别人建立并维持良好人际关系的需要。由这一需要激发的积极动机和行为，以运用权力、权威、超越、影响、控制、支配和领导他人为特征，这一需要的反向表现，则使人的人际交往表现出抗拒权威、忽视秩序、受人支配或追随别人的特征。

（3）感情需要。感情需要指在感情与爱情上与别人建立和维持亲密联系的需要。这一需要激发的积极动机与行为包括喜爱、亲密、同情、友善、热心和关怀等；这一需要的反向表现，则以人际交往上的冷漠、厌恶、憎恨等为特征。

二、人际关系的重要性及交往原则

1. 人际关系的重要性

人际关系的重要性是不言而喻的。首先，人际关系能够提供人们基本的社会需要，这一点在前面人际关系的动机里已经有所论述。

其次，人际关系能够帮助我们在事业上取得成功。

查斯特·菲尔德说，我们所处的这个社会，人际关系非常重要。如果能够慎重地建立关系，而且妥善地维持的话，成功指日可待。

几乎所有的励志类书籍，在谈到如何取得成功的时候都会强调人际关系的重要性，这一点是不言而喻的。美国著名成人教育家戴尔·卡耐基认为，人际关系是成功的最重要的因素。他指出：一个人事业的成功，只有15%是由于他的专业技术，另外的85%要靠人际关系、处世技巧。

确实是这样，对于人生来讲，人际关系是非常巨大的财富。当一个人解决了一个巨大的困难，抓到了一次绝好的机会，或者取得了某些辉煌的成就时，总是会提到"有贵人相助"，这便是人际关系所起的作用。

2. 人际交往的原则

（1）平等原则。平等是建立人际关系的前提。在人际交往中每一个人总要有一定的付出或投入，交往的双方各自的需要和这种需要的满足程度必须是平等的。人际交往作为人们之间的心理沟通，是主动的、相互的、有来有往的。每一个人都有友爱和受人尊敬的需要，都希望得到别人的平等对待，人的这种需要，就是平等的需要。

在人际交往中，平等是最基本的原则，在人格上，千万不要因为自己的某些条件较为占优就表现出一种居高临下、我尊你卑的态度，我们在人格上都是平等的。在处事上，我们也千万不要抱有占他人小便宜的想法，这样吃亏的一方便不会愿意再和你合作共事，占小便宜最终是要吃大亏的。

（2）相容原则。相容是指人际交往中的心理相容，即指人与人之间的融洽关系，与人相处时的容纳、包涵、宽容及忍让。要做到心理相容，就要从心理上接纳别人。要接纳别人可以采取的方法有：增加交往频率；寻找共同点；谦虚和宽容。

宽容是这个世界上最大的美德，也是最难做到的一点，我们经常会为一点鸡毛蒜皮的小矛盾而耿耿于怀，看对方就不顺眼，相处起来也总是不自在，这其实是一种非常痛苦的状态。在这里我们需要学习的是，为人处世要心胸开阔，宽以待人。要体谅他人，遇事多为别人着想，即使别人犯了错误，或冒犯了自己，也不要斤斤计较，以免因小失大，伤害相互之间的感情。只要有利于干事业、有利于团结，作出一些让步是值得的。

（3）互利原则。建立良好的人际关系离不开互助互利。从功利主义的角度而言，人际关系能够得以相互依存，正是因为交往双方都得到了最大的利益，交往双方通过对物质、能量、精神、感情的交换而使各自的需要得到满足。如果缺少了互利原则，人际关系是维持不下去的，也没有维持的必要。

（4）信用原则。信用即指一个人诚实、不欺骗、遵守诺言，从而取得他人的信任。人离不开交往，交往离不开信用。在人际交往中，我们要做到说话算数，不轻许诺言。与人交往时要热情友好、以诚相待、不卑不亢、端庄而不过于矜持、谦逊而不矫饰做作，要充分显示自己的自信心。一个有自信心的人，才可能取得别人的信赖。处事果断、富有主见、精神饱满、充满自信的人就容易激发别人的交往动机，博取别人的信任，产生使人乐于与你交往的魅力。

三、做一个在社交场合中受欢迎的人

1. 重视第一印象

第一印象是指在与陌生人交往的过程中，所得到的有关对方的最初印象。它主要是根据对方的表情、语言、气质、身体语言、仪表和服装等形成的印象。第一印象在日常生活中是很普遍的，这种初次获得的印象往往是今后交往的依据。第一印象并非总是正确，但却总是最鲜明、最牢固的，并且决定着以后双方交往的过程。

对于这种现象，我们在心理学中用"首因效应"来进行概括。"首因效应"又称"首印效应"，是指当人们第一次与某物或某人相接触时留下的深刻印象。心理学研究发现，与一个人初次会面，45秒钟内就能产生第一印象。第一印象能够在对方的头脑中形成并占据着主导地位。第一印象作用最强，持续的时间也长，比以后得到的信息对于事物整个印象产生的作用更强。

因此，在交友、招聘、求职等社交活动中，我们可以利用这种效应，展示给人一种极好的形象，为以后的交流打下良好的基础。

有这样一个故事：一个新闻系的毕业生正急于寻找工作。一天，他到某报社对总编说："你们需要一个编辑吗？""不需要！""那么记者呢？""不需要！""那么排字工人、校对呢？""不，我们现在什么空缺也没有了。""那么，你们一定需要这个东西。"说着他从公文包中拿出一块精致的小牌子，上面写着"额满，暂不雇用"。总编看了看牌子，微笑着点了点头，说："如果你愿意，可以到我们广告部工作。"这个大学生通过自己制作的牌子表达了自己的机智和乐观，给总编留下了美好的"第一印象"，从而为自己赢得了一份满意的工作。这就是首因效应发挥了作用。

同样，在就业招聘中，小杨是工科名校毕业生，专业对路、成绩优良，她的简历在厚厚的应聘材料中脱颖而出，入列预选名单。但她在面试时，穿着过于新潮：鲜艳的短上衣、破旧的低腰裤，很夸张地戴着热带风情的大耳环，一进门就让由高级工程师组成的考官们一愣，考官们没问几个问题，就结束了面试，结果她当然是被淘汰出局。

由以上的例子可以看出，面试中首因效应的作用不可小瞧。其实不仅仅是在面试中，在其他的情况下，如结识新朋友、到新环境中工作等等，第一印象都是非常重要的。好的开端便是成功的一半，好的第一印象也是社交活动成功的一半。

2. 面带微笑

人的面部表情，是内心的外化展现。微笑，是受我们所有人欢迎的表情，它向人们透露着开放、欢迎、热情、自信、快乐、积极的信息。

英国广播公司《人类的脸》丛书和电视系列节目的合作者布赖恩·贝茨确认了微笑在社会生活中的重要性："我们经常愿意和喜欢笑的人分享我们的自信、快乐和金钱，事实表明，自然微笑的人拥有更加成功的个人生活和事业。"

为什么微笑的表情受人欢迎？经研究表明，微笑能刺激大脑产生一种激素——内啡肽，内啡肽是存在脑和神经组织里的生化物质，这种物质类似吗啡，具有镇静和欢快作用，是天然的镇静剂和麻醉剂，让我们的身体更放松、充满亲和力、充满激情。

在我们的现实生活中，微笑是人与人沟通的桥梁，一个简单的微笑可能会改变一个人的一生。简简单单的一个微笑，可能是另一个人生命中的一束光。有一个故事：一位独居的小姐听到敲门声，打开门，竟然面对一个持刀的年轻人。她看他微抖的手上拿着一把菜刀，便强作镇定笑着问他：你卖菜刀呀？很好，我正打算买一把呢！错愕不已的歹徒，收下她递过来的五百元，一溜烟地跑掉了。微笑就有这样的魅力，令凶狠的心柔软下来，令暴戾转为祥和，令悲痛得到止息。

正如亚当斯所说的："当你微笑的时候，别人会更喜欢你，而且，微笑会使你自己也感到快乐。"因而我们说微笑是友善的表示、自信的象征，是人际交往的身体语言中最具魅力的。因此，我们在社交场合中进行人际交往时，千万别忘了带着微笑的表情。

3. 真诚地对待别人

在与人交往的过程中，我们往往会有这样的感受：面对我们不了解的陌生人，很快内心会作出一种感应，这种感性的瞬间感应，往往是我们决定接下去交往深度的坐标。我们有时会有这样的体会，尽管这个人的礼仪很周到，但是，我们的感应却让我们的内心被一层东西隔开。同样，我们面对的也许是一个不善言辞的人，暖意却默默地在彼此内心辐射开来。

这种瞬间感应的判断很大程度来源于第一印象中对对方真诚度的判断。内心的真诚、善良，往往是我们结交朋友最重要的衡量标准。

因此，请记住，随时随地观察自己的内心，是否真诚地对待他人，是否拥有真诚的微笑，是否真诚地迎接他人的目光，是否用真诚的态度拥抱生活！

请记住，无论是儿童还是老人，每一个人都十分的聪明，他们如同我们一样，能够准确地感知到内心所辐射的真诚度。当我们时时刻刻都用真诚的目光、坦荡的胸怀与宇宙相连，生活就一定能让我们得到更多的惊喜！

《浙江在线》上曾经刊登过这样一个故事，故事的名称叫《一把椅子的奇迹》，故事内容如下：能和美国亿万富翁——"钢铁大王"安德鲁·卡内基攀亲附缘，并在他的提携下走向事业的巅峰，让很多人不敢想象。可是，一个年轻人只用了一把椅子，就轻易地与"钢铁大王"齐肩并举，从此走向令人羡慕的成功之路。

那是一个阴云密布的午后，大雨瞬间倾泻而下，行人纷纷逃进就近的店铺躲雨。这时，一位浑身湿淋淋的老妇步履蹒跚地走进费城百货商店。看着她狼狈的模样和简朴的衣裙，所有的售货员都对她爱搭不理。

这时，一个年轻人诚恳地对她说："夫人，我能为您做点什么吗?"老妇莞尔一笑："不用了，我在这儿躲会儿雨，马上就走。"随即老妇又心神不定了，不买人家的东西，却借用人家的屋檐躲雨，太不近情理了。于是，她开始在百货店转起来，哪怕买个头发上的小饰物呢，也能给自己躲雨找个光明正大的理由。

正当她眼露茫然时，那个小伙子走过来说："夫人，您不必为难，我给您搬了一把椅子，放在门口，您坐着休息就是了。"两个小时后，雨过天晴，老妇人向那个年轻人道了谢，并随意地向他要了张名片，就颤巍巍地走了出去。

几个月后，费城百货公司的总经理詹姆斯收到一封信，写信人要求将这位年轻人派往苏格兰收取装潢一整座城堡的订单，并让他负责自己家族所属的几个大公司下一季度办公用品的采购任务。詹姆斯震惊不已，匆匆一算，只这一封信带来的利益，就相当于他们公司两年的利润总和。

当他以最快的速度与写信人取得联系后，才知道这封信是一位老妇人写的，而她正是美国亿万富翁"钢铁大王"安德鲁·卡内基的母亲。

詹姆斯马上把这位叫菲利的年轻人推荐到公司董事会。毫无疑问，当菲利收拾好行李准备去苏格兰时，他已升格为这家百货公司的合伙人了。那年，菲利 22 岁。

随后的几年中，菲利以他一贯的真诚和踏实，成为"钢铁大王"安德鲁·卡内基的左膀右臂，在事业上扶摇直上、飞黄腾达，成为美国钢铁行业仅次于安德鲁·卡内基的富可敌国的灵魂人物。菲利 29 岁时，已经为全美国的近百家图书馆捐赠了约 800 万美元的图书，他希望用知识和爱心帮助更多的年轻人走向成功。

生活中的奇迹，其实就发生在你不经意的言行之间，一句亲切的话语、一个友善的致意或一项小小的援助计划，都会在举手投足之间播种下一颗颗爱的种子，有一天，当它长成参天大树并为你带来丰硕的果实时，你才恍然大悟，原来，你赋予他人的真诚并不需要很多，只像搬动一把椅子一样简单。

这个小故事告诉我们，很多看似偶然的事情，都是由必然创造出来的，做一个真诚的爱的传播者，向宇宙辐射出真诚的爱的能量，更多的爱与惊喜就会源源不断地回到我们身边。

4. 成为好的倾听者

在人际交往中，最为重要的一项技巧就是倾听。对此，莎士比亚说："最完美的说话艺术不仅是一味地说，还要善于倾听他人的内在声音。"马克·吐温有句名言："给予人适当的颂扬，同时更要聆听别人说话而不加任何辩解。"戴尔·卡耐基也说过："商业会谈并没有特别秘诀，最重要的是学会如何倾听对方的说话。"

倾听可以解除他人的压力，帮助他人清理思绪。倾听也是解决冲突、矛盾、处理抱怨的最好方法。除此之外，倾听能帮助我们真实地了解他人，增加沟通的效力。

人们通常会在心底感激认真倾听他们说话的人。因为认真的倾听别人说话会让他人感到自己很重要、被尊重和被欣赏。戴尔·卡耐基认为："人类最深厚的冲动，是要成为重要人物。"在《人性的弱点》一书中他讲到，我们知道，人们往往对自己的事更感兴趣，对自己的问题更关注，更喜欢自我表现。一旦有人专心倾听我们谈论我们自己时，就会感到自己被重视。倾听就是给了倾诉者这样的一个舞台。

回想我们自己每一次上台演出，每一次上大师的课，或者每一次面对公众的讲演，内心都是既兴奋又紧张的。这些情绪的产生源于我们对自己聚焦于公众视野中，在那个时刻、场景里扮演"重要人物"的角色的期盼，同时也担心自己不能演绎出最好的自己所带来的压力。

生活中，我们观察到，电台、电视台的热线节目异常火爆，是什么原因让它们拥有如此高的收视率呢？我想，就是因为它缓解了倾诉者心中的压抑。每个人在烦恼和喜悦后（特别是深层次的烦恼和巨大的喜悦后）都有一份渴望，那就是对人倾诉，他希望倾听者能够给予理解抑或共同分享。因此，我们可以得出衡量优秀的热线主持人的标准：倾听的质量！

有这样一则真实的故事：一个在飞机上遇险大难不死的美国男人回家却自杀了。原因何在，发人深省。

那是一个圣诞节，一个美国男人为了和家人团聚，兴冲冲从异地乘飞机往家赶，一路幻想着团聚的喜悦情景。恰恰老天变脸，这架飞机在空中遭遇猛烈的暴风雨，飞机脱离航线，上下左右颠簸，随时有坠毁的可能。空姐也脸色煞白，惊恐万状地吩咐乘客写好遗嘱放进一个特制的口袋。这时，机上所有的人都在祈祷。也就在这万分危急的时刻，飞机在驾驶员的冷静驾驶下终于平安着陆。

这个美国男人回到家后异常兴奋，不停地向妻子描述在飞机上遇到的险情，并且满屋子转着、叫着、喊着。然而，他的妻子正和孩子兴致勃勃地分享着节目的愉悦，对他经历的惊险没有丝毫兴趣。男人叫喊一阵子，却发现没有人听他倾诉，他死里逃生的巨大喜悦与被冷落的心情形成强烈的反差。在妻子去准备蛋糕的时候，这个美国男人却爬到阁楼，用上吊的古老方式结束了从险情中捡回的宝贵生命。想想吧，他自杀的原因是什么？如果你是他的妻子，会怎么做？为什么？

5. 记住别人的名字

记住你见过的每一个人的名字，是在社交场合让你变得自信又受人欢迎的方法。

戴尔·卡耐基曾经说过："在交际中最简单、最明显、最重要、最能得到好感的方法，就是记住人家的名字，使他有受到重视的感觉。"管理学家帕金森也曾说过："称呼人家的名字，尽管你们平常几乎没有接触，也会产生振奋的作用。"

美国的钢铁大王安德鲁·卡内基就深知这一点，他本人并非钢铁方面的专家，但他能够统率众多的钢铁专家，这和他熟记人名是有关系的。

小时候的卡内基就知道利用人的名字来做组织工作。在他 10 岁那年，他便发现了人们对自己的名字有不同寻常的关注。于是他就利用这种人类的共通性，得到了许多人的好感。少年时代的卡内基住在苏格兰，有一天，他在乡间玩耍，捉到了一只大腹便便的野兔。没过多长时间，野兔就生下一窝活泼可爱的小兔子。这些小兔子长得很快，不久，兔子就面临缺粮问题，他左思右想后召集附近的孩子，告诉他们谁去拔草喂兔子，就用谁的名字给小兔子命名。

孩子们当然都希望自己受重视，于是都去拔草。卡内基的问题也就顺利解决了。

这件事的成功使卡内基受到了很大的启发。自此以后，卡内基多次运用这种心理作用来开展事业。他为了向宾夕法尼亚铁路公司推销铁轨，便在匹兹堡建设了一座规模宏大的炼铁厂，以宾夕法尼亚铁路公司董事长的名字作为厂名，即"爱德华·汤姆森炼铁厂"。不用说，宾夕法尼亚铁路公司当然向卡内基的工厂购进大批的铁轨。

名字不是一个简单的代号。因为它所代表的人性是非常复杂的，是有欲求的。出名是多数人所向往的，而你如果能喊出一个人的名字，在他看来就是自己是有名气的，你实际上是给他提供了一个让他表现名气的机会。这样，他从你那里得到了面子，当然就会回报你。所以千万不可小看名字的作用。

重视第一印象、面带微笑、真诚待人、成为好的倾听者、记住别人的名字，这些都是我们在社交场合中处理人际关系时需要注意的重要方面，当然，还有许多其他的方面值得我们注意，这些都需要我们在实际的人际交往过程中仔细体会，慢慢总结。

第二节　人际关系处理能力实训项目

任何一个人都无法在与人隔绝的情况下健康生活。换言之，人际交往对人来说就像空气一样，不可缺少。

人是感情动物，必须时刻进行情感上的交流，需要获得友谊。在迈向成功的道路上，要想坚持到底，仅仅依靠信念的支撑是不够的，良好的人际关系会使你获得一种强大的力量和热情，在成功时得到分享和提醒，在挫折时得到倾诉和鼓励，这必将会有助于你心理的平衡。

人出生后就开始了人际交往。个体在与家人、同伴的交往中，积累了社会经验，学到了社会生活所必需的知识、技能、态度、伦理道德规范等，从而自立于社会，取得社会的认可，成为一个成熟的社会化的人。

人际关系处理能力实训一

📝 **情商小·测试**

你的人际交往能力强吗？

根据自己的实际情况，认真考虑下列问题，从所给备选答案中选出最符合自己的一项。

1. 每到一个新的场合，我对那里原来不认识的人，总是：

    A. 能很快记住他们的姓名，并成为朋友

    B. 尽管也想记住他们的姓名并成为朋友，但很难做到

    C. 喜欢一个人消磨时光，不大想结交朋友，因此不注意他们的姓名

2. 我之所以打算结识人交朋友的动机是：

    A. 我认为朋友能使我生活愉快

    B. 朋友们喜欢我

    C. 能帮助我解决问题

3. 你和朋友交往时持续的时间多是：

    A. 很久，时有来往

    B. 有长有短

    C. 根据情况变化，不断弃旧更新

4. 你对曾在精神上、物质上诸多方面帮助过你的朋友总是：

    A. 感激在心，永世不忘，并时常向朋友提及此事

    B. 认为朋友间互相帮助是应该的，不必客气

    C. 事过境迁，抛在脑后

5. 在我生活中发生困难或发生不幸的时候：

    A. 了解我情况的朋友，几乎都曾安慰帮助我

    B. 只是那些很知己的朋友来安慰、帮助我

    C. 几乎没有朋友登门

6. 你和那些气质、性格、生活方式不同的人相处的时候总是：

    A. 适应比较慢

    B. 几乎很难或不能适应

    C. 能很快适应

7. 对那些异性朋友、同事，我：

    A. 只是在十分必要的情况下才会接近他们

    B. 几乎和他们没有交往

    C. 能同他们接近，并正常交往

8. 你对朋友、同事们的劝告、批评总是：

    A. 能接受一部分

    B. 难以接受

    C. 很乐意接受

9. 在对待朋友的生活、工作诸多方面我喜欢：

    A. 只赞扬他(她)的优点

    B. 只批评他(她)的缺点

    C. 因为是朋友所以既要赞扬他的优点，也要指出不足或批评他的缺点

10. 在我情绪不好、工作很忙的时候，朋友请求我帮他(她)，我：

A. 找个借口推辞

B. 表现不耐烦断然拒绝

C. 表示有兴趣，尽力而为

11. 我在穿针引线编制自己的人际网络时，只希望把这些人编入：

A. 上司、有权势者

B. 只要诚实，心地善良

C. 与自己社会地位相同或低于自己的人

12. 当我生活、工作遇到困难的时候，我：

A. 向来不求助于人，即使无能为力也是如此

B. 很少求助于人，只是确实无能为力时，才请朋友帮助

C. 事无巨细，都喜欢向朋友求助

13. 你结交朋友的途径通常是：

A. 通过朋友介绍

B. 在各种场合接触中

C. 只是经过较长时间相处了解而结交

14. 如果你的朋友做了一件使你不愉快的事，你：

A. 以牙还牙也回敬一下

B. 宽容，原谅

C. 敬而远之

15. 你对朋友们的隐私总是：

A. 很感兴趣，热心传播

B. 宽容，原谅

C. 敬而远之

测试计分规则：

题号	A	B	C	题号	A	B	C
1	1	3	5	9	3	5	1
2	1	3	5	10	3	5	1
3	1	3	5	11	5	1	3
4	1	3	5	12	5	1	3
5	1	3	5	13	5	1	3
6	3	5	1	14	5	1	3
7	3	5	1	15	5	1	3
8	3	5	1				

✍ 测试说明

得分在 15~29 分：人际交往能力强。

得分在 30~57 分：人际交往能力一般。

得分在 58~75 分：人际交往能力较差。

💬 知识拓展

学会欣赏他人

几乎所有的人都懂得处理好人际关系的重要性。但尽管如此，大多数人都不知道怎样才能处理好人际关系。其实，高情商的人都知道，处理人际关系的诀窍在于你必须有开放的人格，能真正去欣赏他人。

戴尔·卡耐基在其《人性的弱点》里面谈到过，人性的弱点之一就是希望他人欣赏、尊重自己，而自己又不愿意去欣赏和尊重他人。人非常容易看到他人的缺点而很难看到他人的优点，我们必须克服这些人性的弱点，客观地观察他人和自己，你会惊奇地发现，原来自己还有许多不足，而身边的人都有值得你学习和借鉴的地方。我们不能因为他人有一点比你差的缺点就否定他，而是应该因为他人有一点比你强的优点而去欣赏和尊重、肯定他人，你会惊奇地发现，只要你仔细观察，世上所有你接触到的人，都有比你强的优点。

19 世纪末，美国西部有一个坏孩子，他偷偷地向邻居家的窗户扔石头，还把死兔子装进桶里放到学校的火炉里烧烤，弄得臭气熏天。他 9 岁那年，父亲娶了继母，父亲告诉她要好好注意这孩子。继母好奇地走近这个孩子。当她了解孩子之后说："你错了，他不坏，而且很聪明，只是他的聪明还没有得到发挥。"继母很欣赏这个孩子，在她的引导下，这孩子的聪明得到了发挥，后来成了美国当代著名的企业家和思想家，这个人就是戴尔·卡耐基。

有一个著名作家去一家餐馆用餐，老板对他说："我亲爱的朋友，你还记得我吗?"作家说："抱歉，先生，我好像记不起来了。"老板拿来一张 20 年前的旧报纸，那里有作家的一篇文章。那时他在一家报社当记者。这是一篇关于小偷的报道，小偷手法高超，作案上千次，次次得手，最后栽在一个反扒高手的手里。文章感叹道："像心思如此细密，手法如此灵巧的小偷，做任何一件事情都会有成就吧!"老板告诉他："先生，不瞒您说，我就是那个小偷，是您的这段话引导我走上了正路。"

学会欣赏他人吧!欣赏你的同事，你和同事之间会合作得更加愉快;欣赏你的下属，下属会工作得更加努力;欣赏你的爱人，你们的爱情会更加甜蜜;欣赏你的孩子，他会学习得更加勤奋……

用欣赏别人的方式去处理人际关系有许多好处:

第一，成本最低，不用花钱请客送礼，不用伪装自己去浪费感情。

第二，风险最低，不必担心当面奉承、背面忍不住发牢骚而露馅，不必担心讲假话而提心吊胆，寝食不安。

第三，收获最大，因为你能真心尊重和欣赏他人，你便会去学习他人的优点来克服自己的弱点，使自己不断地完善和进步。

一个懂得用欣赏他人的方式处理人际关系的人会过得很愉快，他人也会同样欣赏他。而一个提倡欣赏和尊重人的团队将会是一个关系融洽的大家庭，团队中的每一位成员都会欣赏和尊重他人，每一位成员会受到他人的欣赏和尊重，每一位成员都会心情舒畅。于是，这个团队的凝聚力就会提高。

人际关系处理能力实训二

情商实验

你画对了吗？

实验目的：此实验让学生刻骨铭心地记住沟通的重要性，可以触发学生对追求有效沟通的热情，同时可以发现学生在这个方面的欠缺。

实验步骤：

1. 请大家拿出一张白纸和一支笔。
2. 请大家在纸上画一个椭圆。
3. 请大家在圆内画倾斜度为 45 度的两根平行线。
4. 请大家按照平行线的端点画两个半圆。
5. 请各位把白纸举起来向大家展示。

你会发现大家在同样的要求下画的图案完全不一样，这时大家相互笑作一团，非常不好意思。这时你把下图展示给大家。

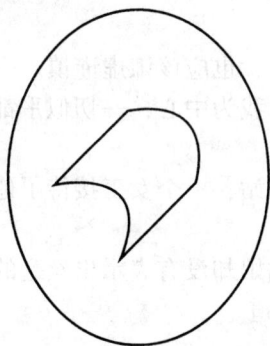

标准的图形

让大家回顾这个活动的过程，犯了这样几个错误：大家的惯性思维把椭圆横着画，因为这样画大家感到比较有安全感，认为像鸡蛋样子的椭圆横着放才能平稳，因为自己的第一感觉良好，没有人给我沟通应横着画还是竖着画，所以大家第一步就画错了。下面的每一个步骤很少有人问一问这个任务的注意事项。

相关讨论：

1. 请问你画对了吗？

2. 请问你在执行行动时有沟通吗？

3. 请你谈谈这个游戏对我们的工作有哪些启示意义。

💬 知识拓展

别太把自己当回事

别太把自己当回事，是人际交往的一个重要原则。这并非是妄自菲薄，这是一种谦虚的态度，减少对方和你的距离，让他人更容易亲近你。

布思·塔金顿是 20 世纪美国著名的小说家和剧作家，他的作品《伟大的安伯森斯》和《艾丽丝·亚当斯》均获得普利策奖。在塔金顿声名最鼎盛的时期，他在多种场合讲述过这样一个故事：

在一个"红十字会"举办的艺术家作品展览会上，我作为特邀贵宾参加了展览会。其间，有两个十六七岁的小女孩来到我面前，虔诚地向我索要签名。

"我没带自来水笔，用铅笔可以吗？"我其实知道她们不会拒绝，我只是想表现一下一位著名作家谦和的态度。"当然可以。"小女孩们果然爽快地答应了，我看得出她们很兴奋，当然她们的兴奋也使我倍感欣慰。

一个女孩将一个非常精致的笔记本递给我，我拿着铅笔，潇洒自如地写上了几句鼓励的话，并签上我的名字。女孩看过我的签名后，眉头皱了起来，她仔细看了看我，问道："你不是罗伯特·查波斯啊？""不是。"我非常自负地告诉她，"我是布思·塔金顿，《爱丽丝·亚当斯》的作者，两次普利策奖获得者。"小女孩将头转向另外一个女孩，耸耸肩说道："玛丽，把你的橡皮借我用用。"

那一刻，我所有的自负和骄傲都化为乌有。从此以后，我时刻告诫自己：无论自己多么出色，都别太把自己当回事。

即便你是一个不可多得的人才，也应该谦虚谨慎。一个人如果妄自尊大，把谁都不放在眼里，他的所作所为全都是以自我为中心，一切似乎都应该接受他的掌控，他一定会一天到晚都被烦恼包围。

电影明星洛依德将车开到检修站，一个女工接待了他。她熟练灵巧的双手和年轻俊美的容貌一下吸引了他。

整个巴黎都知道他，但这个姑娘却没有表示出丝毫的惊讶和兴奋。

"您喜欢看电影吗？"他不禁问道。

"当然喜欢，我是个电影迷。"

她手脚麻利，看得出她的修车技术非常熟练。半小时不到，她就修好了车。

"您可以开走了，先生。"

他却依依不舍："小姐，您可以陪我去兜兜风吗？"

"不，先生，我还有工作。"

"这同样是您的工作。您修的车，难道不亲自检查一下吗？"

"好吧，是您开还是我开？"

"当然我开，是我邀请您的嘛！"

车跑得很好。姑娘说："看来没有什么问题，请让我下车好吗？"

"怎么，您不想再陪陪我吗？我再问您一遍，您喜欢看电影吗？"

"我回答过了，喜欢，而且是个影迷。"

"您不认识我？"

"怎么不认识，您一来我就认出，您是阿列克斯·洛依德。"

"既然如此，您为何对我这样冷淡？"

"不！您错了，我没有冷淡，只是没有像别的女孩子那样狂热。您有您的成绩，我有我的工作。您今天来修车，是我的顾客，我就像接待顾客一样接待您。将来如果您不再是明星了，再来修车，我也会像今天一样接待您。人与人之间不应该是这样吗？"

他沉默了。在这个普通的女工面前，他感觉自己的浅薄与狂妄。

"小姐，谢谢你让我受到了一次很好的教育。现在，我送您回去。再要修车的话，我还会来找您。"

人与人之间应该是平等地交往，这种交往不应该因人的身份、地位以及财富等不同而有所不同，因为每个人在人格上都是平等的。平等地与人交往，既是对自己人格的尊重，也是对他人人格的尊重。

人际关系处理能力实训三

📋 情商实验

你站对了吗？

实验目的：让学员体会沟通的方法有很多，当环境及条件受到限制时，你是怎样去改变自己，用什么方法来解决问题的呢？

实验要求：

人数：14~16 个人为一组比较合适

时间：30 分钟

材料及场地：摄像机、眼罩及小贴纸和空地

实验步骤：

1. 让每位学员戴上眼罩。

2. 给了他们每人一个号，但这个号只有本人知道。

3. 让小组根据每人的号数，按从小到大的顺序排列出一条直线。

4. 全过程不能说话，只要有人说话或脱下眼罩，游戏结束。

5. 全过程录像，并在点评之前放给学员看。

相关讨论：

1. 你是用什么方法来通知小组你的位置和号数？

2. 沟通中都遇到了什么问题，你是怎么解决这些问题的？

3. 你觉得还有什么更好的方法？

💬 知识拓展

不要摆架子

爱摆架子的人，人人看见都会敬而远之。能够放下身份地位，和其他人愉快相处的人才让人由衷喜爱。乐于接近周围的人，随时保持快乐的心情，愿意说些家常话，给人一种像自己家人一样亲切感觉的人，往往使人乐于接近，而且发自真心地受到吸引。

托尔斯泰在一次长途旅行时，路过一个小火车站。他想去站台上走走，便来到月台上。这时，一列客车正要开动，汽笛已经拉响了。托尔斯泰正在月台上慢慢地走着。忽然，一位女士从列车车窗里冲他喊："老头儿！老头儿！快替我到候车室把我的手提包取来，我忘记提过来了。"原来，这位女士见托尔斯泰衣着简朴，还沾了不少尘土，把他当作车站的搬运工了。

托尔斯泰赶忙跑进候车室拿来提包，递给了这位女士。

女士感激地说："谢谢啦！"随手递给托尔斯泰一枚硬币，"这是赏给你的。"

托尔斯泰接过硬币，瞧了瞧，装进了口袋。

正巧，这位女士身边有位旅客认出了这个风尘仆仆的"搬运工"就是托尔斯泰，就大声对女士叫道："太太，您知道您赏钱给谁了吗？他就是托尔斯泰呀！"

"啊！老天爷呀！"女士惊呼起来，"我这是在干什么事呀！"她对托尔斯泰急切地解释说："托尔斯泰先生！托尔斯泰先生！看在上帝面儿上，请别计较！请把硬币还给我吧，我怎么会给您小费，多不好意思！我这是干出什么事来啦。"

"太太，您干吗这么激动？"托尔斯泰平静地说，"您又没做什么坏事！这个硬币是我挣来的，我得收下。"

汽笛再次长鸣，列车缓缓开动，带走了那位惶惑不安的女士。

托尔斯泰微笑着，目送列车远去，又继续他的旅行了。

人际关系处理能力实训四

情商小·游戏

七巧板游戏

游戏简介：

一个团队分成七个工作组，模拟企业中不同部门或者各个分支机构，通过团队完成一系列复杂的任务，体验沟通、团队合作、信息共享、资源配置、创新观念、高效思维、领导风格、科学决策等管理主题，系统整合团队。七巧板为培训道具，变幻无穷，寓教于乐，具有无限体验的空间。

游戏目标：

1. 培养团队成员主动沟通的意识，体验有效的沟通渠道和沟通方法。
2. 强调团队的信息与资源共享，通过加强资源的合理配置来提高整体价值。
3. 体会团队之间加强合作的重要性，合理处理竞争关系，实现良性循环。
4. 培养市场开拓意识，更新产品创新观念。
5. 培养学员科学系统的思维方式，增强全局观念。
6. 体会不同的领导风格对于团队完成任务的影响和重要作用

游戏概述：

1. 项目名称：七巧板
2. 项目类别：室内/场地，团队。

3. 学员人数：拓展训练一个团队。

4. 总培训时间：85 分钟

活动布置时间：5 分钟

活动进行时间：40 分钟

回顾总结时间：40 分钟

5. 培训场地：

A. 场地版：户外一块平整场地，最小 4×4 = 16(平方米)。

B. 室内版：最小 4×4 = 16(平方米)可以用来进行项目。

6. 培训器材：

A. 每组三把椅子，按照下图位置摆好。每个组之间距离 1.5 米，实际上七个组为一个正六边形的六个顶点和一个中心点。

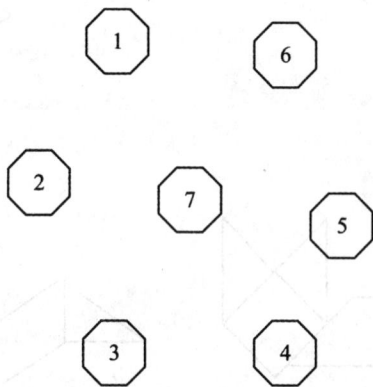

B. 五种颜色的七巧板，共 7×5 = 35 块。材料可以选择硬纸板、塑料板或者有机玻璃板。

制作方法：先选择五种颜色同种材料的正方形，边长可以为 20cm。然后按照下图将正方形分成七块。这样五种不同颜色的正方形被分成 35 块七巧板。

C. 任务书一至七各一张，共 7 张。

D. 图 6-1 至图 6-7，内容分别为：人，马，猫，鸟，骑马的人，鸭子，斧子各一张，共 7 张。

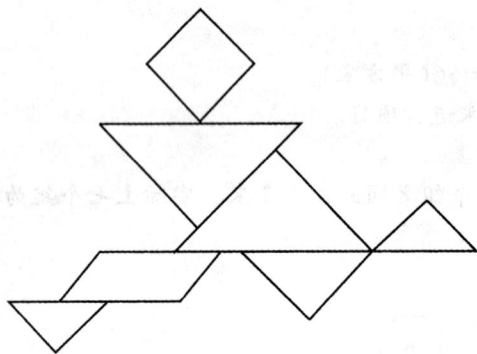

图 6-1

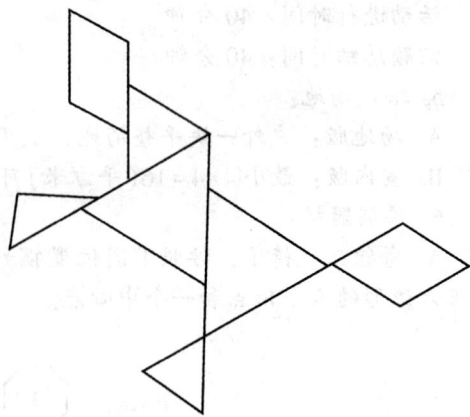

图 6-2

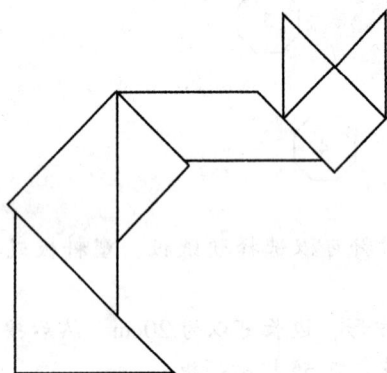

图 6-3

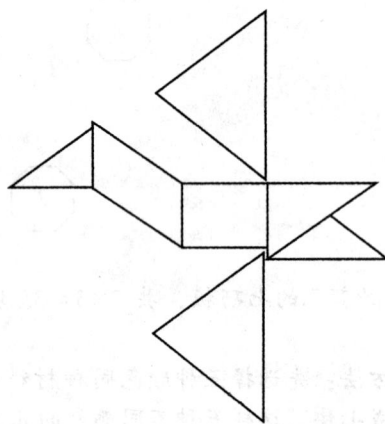

图 6-4

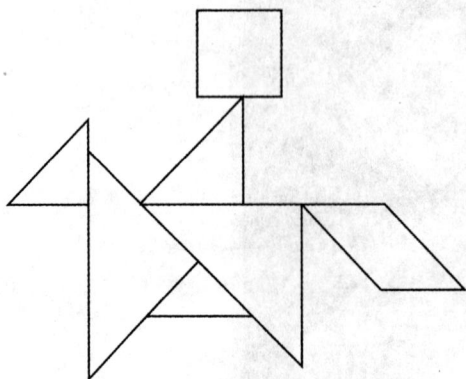

图 6-5

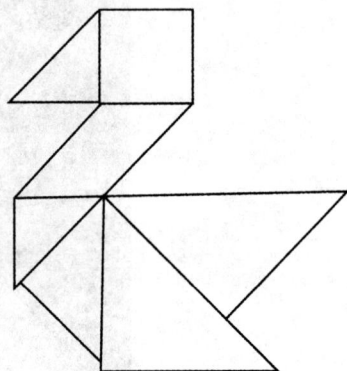

图 6-6

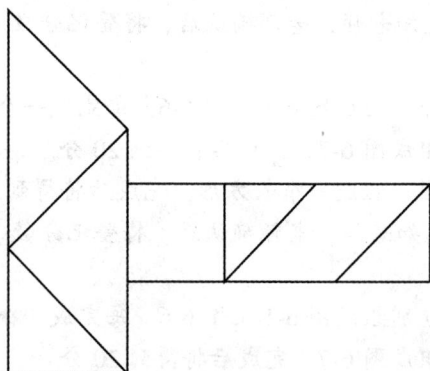

图 6-7

E. 按照记分表做好的大白纸一张或直接在白板上画好。

游戏步骤：

1. 把团队成员分为 7 个组。

2. 把 7 个组成员分别带到摆好的椅子上坐好。宣布七组的编号。

3. 向所有成员宣布：这个项目叫"七巧板"。大家所坐的椅子是不得移动的。在项目进行过程中，所有人的身体不得离开你们所在的椅子。所有七巧板和任务书只能由第 7 组传递。你们的任务写在任务书上，完成任务，会有积分，全队在规定的 40 分钟内，总分达到 1000 分，团队才算项目成功。

4. 把混在一起的 35 块七巧板随机发给七组，每组 5 块。提醒学员在项目中使用七巧板时注意安全，只能手递手传递，严禁抛扔。

5. 然后将图 6-1 至图 6-7 按顺序发给 7 个组，最后将任务书一至七按顺序发给七组。

6. 向所有成员宣布：现在项目 40 分钟计时开始，请大家遵守规则，注意安全。

第一组任务书：

1. 用五种颜色的图形分别组成图 6-1 至图 6-6，每完成一个图案将得到 10 分。

2. 用同种颜色的图形组成图 6-7，完成后将得到 20 分。

3. 用三种颜色的七块图形组成一个长方形，完成后将得到 30 分。

每完成一个图案，请通知老师，老师确认后，将登记分数。

第二组任务书：

1. 用同种颜色的图形分别组成图 6-1 至图 6-6，每完成一个图案将得到 10 分。

2. 用五种颜色的图形组成图 6-7，完成后将得到 20 分。

3. 用三种颜色的七块图形组成一个长方形，完成后将得到 30 分。

每完成一个图案，请通知老师，老师确认后，将登记分数。

第三组任务书：

1. 用五种颜色的图形分别组成图 6-1 至图 6-6，每完成一个图案将得到 10 分。

2. 用同种颜色的图形组成图 6-7，完成后将得到 20 分。

3. 用三种颜色的七块图形组成一个长方形，完成后将得到 30 分。

每完成一个图案，请通知老师，老师确认后，将登记分数。

第四组任务书：

1. 用同种颜色的图形分别组成图 6-1 至图 6-6，每完成一个图案将得到 10 分。

2. 用五种颜色的图形组成图 6-7，完成后将得到 20 分。

3. 用三种颜色的七块图形组成一个长方形，完成后将得到 30 分。

每完成一个图案，请通知老师，老师确认后，将登记分数。

第五组任务书：

1. 用五种颜色的图形分别组成图 6-1 至图 6-6，每完成一个图案将得到 10 分。

2. 用同种颜色的图形组成图 6-7，完成后将得到 20 分。

3. 用三种颜色的七块图形组成一个长方形，完成后将得到 30 分。

每完成一个图案，请通知老师，老师确认后，将登记分数。

第六组任务书：

1. 用同种颜色的图形分别组成图 6-1 至图 6-6，每完成一个图案将得到 10 分。

2. 用五种颜色的图形组成图 6-7，完成后将得到 20 分。

3. 用三种颜色的七块图形组成一个长方形，完成后将得到 30 分。

每完成一个图案，请通知老师，老师确认后，将登记分数。

第七组任务书：

1. 领导团队在规定时间内完成任务，达到 1000 分的目标。

2. 指挥其他各组成员，用所有的 35 块图形组成 5 个正方形，每个正方形必须由同种颜色的 7 块图形组成。每完成一个正方形，你将得到 20 分，组成正方形的那个组将得到 40 分。

3. 支持其他各组成员，在规定时间内得到更多的分数，其他各组总分的 10% 将作为你的加分奖励。

游戏注意事项：

1. 注意要求学员不得移动椅子和身体不得离开所在的椅子。

2. 学员组好图形后，请确认图形，符合要求的，在记分表上记分。

3. 项目时间到 40 分钟时，结束项目，计算各组分数和团队总分。

4. 记分完毕，收回所有 35 块七巧板。

5. 回顾结束后，收回七张任务书和七张图。

七巧板记分表

队名：   总分：

	一	二	三	四	五	六	七	八	九	总分
一组										
二组										
三组										

续表

	一	二	三	四	五	六	七	八	九	总分
四组										
五组										
六组										
七组										

记分表说明：

1. 记分表要在培训前在大白纸或白板上画好。

2. 项目进行过程中，老师在得到学员组好图形的示意后，到学员那确认学员的组和所组的图形，然后把相应的得分记在记分表的相应位置。记分表第一行标的一至七分别对应图一至图七，八对应的是周围六组组成的长方形，九对应的是周围六组组的正方形。第七组的第一个格记录的分数为周围六组总分的 10%，第二个格记录的是周围六组组成的正方形数乘以 5 后的分数。注意，正方形只有五个有分，所以周围六组肯定有一组没有正方形的分数。

3. 最后把团队总分算好，如果达到 1000 分，宣布项目成功，没有达到则项目失败。根据任务书的记分规则，如果所有图形在规定的时间内都拼好了，总分应该是 1046 分。

📋 知识拓展

幽默是人际交往的润滑剂

幽默是人际交往的润滑剂，它可以使人笑着面对矛盾，轻松解除尴尬。幽默是一种机智地处理复杂问题的应变能力，它往往比单纯的说教、训斥或嘲弄使人开窍得多。幽默是一种优美健康的品质，幽默能缓解矛盾，使人们融洽和谐。幽默轻松地展现了人类征服忧愁的能力。

在 2000 年 8 月举行的南部非洲发展共同体首脑会议上，曼德拉一连串妙语连珠的幽默话语征服了上千名与会者。曼德拉作为南非前总统出席了开幕式，主要是为南共体授予他的"卡马勋章"而来。

曼德拉走到讲台前说："这个讲台是为总统们设立的。我这位退休老人今天上台讲话，抢了总统的镜头。我们的总统姆贝基一定很不高兴。"话音刚落，笑声四起。这时，主持人为他搬来一把椅子，请他坐下演讲。他在谢过主持人后说："我今年 82 岁，站着讲话不会双手颤抖得无法捧读讲稿，等到我百岁讲话时你再给我把椅子搬来。"会场里又是一阵笑声。

曼德拉在笑声后开始正式发言。讲到一半，他把讲稿的页次弄乱了，不得不来回翻看。他脱口而出："我把讲稿页次弄乱了，你们要原谅一位老人。不过，我知道在座的一位总统，在一次发言时也把讲稿页次弄乱了，而他自己却不知道，照样往下念。"这时，整个会场哄堂大笑。"其实，讲稿不是我弄乱的，秘书是不应该犯这样一个错误的。"

结束讲话前，曼德拉说："感谢你们把用一位博茨瓦纳老人名字（指博茨瓦纳开国总统卡马）命名的勋章授予我这位老人。我现在退休在家，如果哪一天没钱花了，我就把这个勋章拿到大街上去卖。我肯定在座的一个人会出高价收购的，他就是我们的总统姆贝基。"这时，姆贝基情不自禁地笑出声来，连连拍手鼓掌，会场里掌声一片。

这就是幽默的魅力，它拉近了演讲者和倾听者之间的心理距离，打消了一位伟人的神秘感，显示出曼德拉高超的智慧和人际沟通能力。

世间没有青春的甘泉，也没有不老的秘诀。八十多岁的曼德拉之所以能够保持身体健康、精神矍铄，在离开总统职位后依然能以和平大使的身份活跃在国际舞台上，是因为他在丰富的人生阅历中，提炼出了大智慧，在苦难的折磨中，品味出了大幽默。

八十多岁的曼德拉有着 8 岁孩子的童心。在会见拳王刘易斯的时候，他表示自己年轻时也是拳击爱好者。于是，刘易斯故意指着自己的下巴让他打，他笑着做出拳击的姿势。

于是，旁边的人问他："假如您年轻时与刘易斯在场上交锋，您能取胜吗？"他说："我可不想年纪轻轻就去送死。"

正是这一串串毫不做作的幽默，让曼德拉展现出了他耀眼的人格魅力。在他周围，总是吸引了许多同事和战友，包括他的亲人。

幽默是人际交往的润滑剂，它可以使人笑着面对矛盾，轻松解除尴尬。

幽默是一种优美健康的品质，它使生活充满乐趣。哪里有幽默，哪里就有活跃的气氛。谁都喜欢与谈吐不俗、机智风趣的人交往，而不喜欢与抑郁寡欢、孤僻离群的人接近。

幽默是人类独有的特质。一个幽默的人，能够给朋友带来无比的欢乐，并且在人际交往中充满魅力，因而备受欢迎。有些人天生就浑身充满了幽默细胞，但并不是说没有这种禀赋的人，就会一辈子刻板严肃。

幽默感是可以训练培养的。那么，通过怎样的训练才能培养出自己的幽默感呢？

（1）敞开你的心胸。就好比阳光晒进屋子里一般，去接受不同的人和事物，这些人和事物会在你的心中留下痕迹，成为幽默感的源泉。

（2）保持愉快的心情。这是幽默感的"土壤"，若心情沉郁，老是想一些不快乐的事情，怎能制造出属于快乐的幽默感呢？

（3）累积幽默感的素材。如果你不是能即兴幽默的人，不如大量地看漫画和笑话，从中体会幽默的感觉，久而久之，便可自己制造幽默，至少也可运用看来的笑话。此外，也可体会他人的幽默感，然后模仿一番。

（4）幽默自己。幽默大部分都和人有关系，但有的幽默具有攻击性，因此，不如幽默自己，一方面不得罪人，一方面也可让人了解你是个心胸广大、好相处的人。

不过有一点必须注意，发挥幽默感时，必须看场合和对象，避免粗俗的幽默，以免闹笑话。

因此，一个"幽默高手"应顾及听者的心情与尊严，避免过度的讥笑与嘲弄，否则自以为幽默的笑话，反而会冒犯他人，得不偿失。所以，西方哲人说：幽默是用来逗人发笑，而不是用来刺伤人心的。

人际关系处理能力实训五

情商小·游戏

突围与闯关

游戏目的：团体合作，靠集体的力量解决困难，体会团队支持对个人的重要性

游戏过程：

1. 突围时，一位成员站在团体中间，作为突围者，其他成员用手相互勾结组成包围圈。

2. 突围者可以采取钻、跳、推、绕、拉、诱骗等方式，力求从圈子中突围出来，包围圈的人尽力不让他出来。

3. 闯关时，一位成员站在圈外，作为闯关者，力图打入圈内。

4. 闯关者可以采用钻、跳、推、绕、拉、诱骗等方式，力求打入圈内，包围圈的人尽力不让他进去。

活动中注意安全，小心动作过大导致受伤。

游戏说明：每个人都有解决问题的诀窍，对于个人问题的解决，团体有时构成一种障碍，有时构成一种助力，本游戏旨在促成成员的个人洞察力。在本游戏中，团体是个体自由的障碍，被困的感觉和脱困的心情必然不同。

游戏分享：活动中你是否感觉到团体的重要？你们或你是怎样阻止或进入成功的？被团体拒之圈外是什么感受？你如何理解堡垒是从内部攻破的？团体在合作中有些什么问题，怎样改进？游戏对你的生活有哪些启发？

游戏注意事项：需事先移去威胁物品，包括桌椅等，注意安全。

案例拓展

乔治·罗纳的感谢信

宽容不但是低调做人的一种美德，也是一种明智的处世原则。宽容是人际交往中的"润滑剂"。宽容是一种幸福，生活中多一分宽容，生命就会多一份幸福的空间，生活就会多一分温暖的阳光。宽容铸就了生命的幸福和生活的快乐。

乔治·罗纳曾在维也纳当过多年律师，第二次世界大战期间，他逃到瑞典，变得一文不名，急切地需要一份工作。他会好几个国家的语言，希望能在一些进出口公司找到一份秘书的工作。但是，绝大多数公司回信告诉他，因为正在打仗，他们不需要用这类人才，不过他们会把他的名字存在档案里……

在这些回复中，有一封信这样写道："你完全没有了解我们的用意。你又蠢又笨，我根本不需要什么替我写信的秘书。即使需要，也不会请你这样一个连瑞典文也写不好、信里全是错字的人。"乔治·罗纳看到这封信时，气得简直要发疯。面对如此的羞辱，乔治·罗纳也决定写一封信，气气那个人。但他冷静下来后对自己说："等等！我怎么知道这个人说得不对呢？瑞典文毕竟不是自己的母语。如果真是如此，想要得到一份工作，就

必须不断努力学习。他用难听的话来表达他的意见，并不意味着我没有错误。因此，我应该写封信感谢他才对。"

于是，他重新写了一封感谢信："你写信给我，实在是感激不尽，尤其是在你并不需要秘书的情况下，还给我回信。我没有弄清贵公司的业务实在感觉很惭愧。之所以给你回信，是因为听他人介绍，说你是这个行业的领导人物。我的信中有很多语法上的错误，而自己却不知道，我倍感惭愧，而且十分难过。现在，我计划加倍努力学习瑞典文，改正自己的错误，谢谢你帮助我不断地进步。"

这封信发出不久，乔治·罗纳就收到那个人的回信。不仅如此，他还从那家公司获得了一份工作。可见，拥有一颗宽容的心，对自己的人生将会起到至关重要的作用。

一只脚踩扁了紫罗兰，它却把香味留在那脚跟上，这就是宽容。有位智者曾经说过："几分容忍，几分度量，终必能化干戈为玉帛。"正所谓：退一步，海阔天空；让三分，心平气和。对于别人的过失，必要的指责无可厚非，但能以博大的胸怀去宽容别人，就会让世界变得更精彩，以宽容之心度他人之过，你就会活得更加精彩。

宽容，意味着你有良好的心理外壳。对人对己，都可成为一种无须投资便能获得的精神补品。学会宽容不仅有益于身心健康，而且对赢得友谊，保持家庭和睦、婚姻美满，乃至事业的成功都是必要的。

处处宽容别人，绝不是软弱，绝不是面对现实的无可奈何。在短暂的生命历程中，学会宽容，意味着你的生活更加快乐。屠格涅夫说："不会宽容别人的人，是不配得到别人的宽容的，但谁能说自己不需要别人的宽容呢？"这平凡的话语说出不平凡的道理。的确，人人都需要别人的宽容，也有别人需要你宽容的时候，只有人人都宽容对方，人与人之间的关系才能和睦，生活才能幸福美满。

人际关系处理能力实训六

✍ 情商小·游戏

爱 在 指 间

游戏目的：让学生体验人际交往中应遵循交互的原则，学会主动表达对他人的接纳、喜欢和肯定。

游戏过程：

1. 将团体成员分成相等的两组，分别围成两个圈，一个内圈，一个外圈。内圈成员背向圆心，外圈成员面向圆心。即内外圈同学两两相视而站。所有同学在领导者口令的指挥下，做出相应动作。

2. 当领导者发出"手势"的口令时，每个成员向对方做手指：伸出 1 个手指表示"我现在还不想认识你"；伸出两个手指表示"我愿意初步认识你，并和你做个点头之交的朋友"；伸出三个手指表示"我很高兴认识你，并想对你有进一步的了解，和你做个普通朋友"；伸出四个手指表示"我很喜欢你，很想和你做好朋友，与你一起分享快乐和痛苦"。

3. 当领导者发出"动作"的口令，成员就按下列规则做出相应的动作：如果两人伸出的手指不一样，则站着不动，什么动作都不需要做；如果两人都是伸出一个手指，那么各自把脸转向自己的右边，并重重地踩一下脚；如果两人都伸出 2 个手指，那么微笑着向对方点头；如果两人都伸出 3 个手指，那么主动热情地握住对方的双手；如果两人都伸出 4 个手指，则热情拥抱对方。

4. 每做完一组"动作—手势"，外圈的同学就分别向右跨一步，和下一个同学相视而站，跟随领导者的口令做出相应的手势和动作。以此类推，直到外圈和内圈的每位同学都完成一组"动作—手势"为止。

游戏分享：握手和拥抱让你感觉如何？当你看到别人伸出的手指比你多时，你心中的感觉是怎样的？当你伸出的手指比别人多时，心中的感觉又是怎样的？当你们伸出的手指一样多时，感觉如何？从这个游戏中你得到什么启示？

分小组讨论：人际交往中可以通过哪些方式来主动表达对他人的接纳、喜欢和肯定？（学会与人主动交往的方式，如主动与人打招呼、主动帮助别人、主动关心别人、主动约别人一起出去玩等。）

结束语：在人际交往中，我们有一个共同的倾向——希望别人能承认自己的价值，支持自己，接纳自己，喜欢自己。但是任何人都不会无缘无故地喜欢、接纳我们，别人喜欢我们也是有前提的，那就是我们也要喜欢他们，承认他们的价值。也就是说人际交往中喜欢与讨厌、接近与疏远是相互的。一般而言，喜欢我们的人，我们才会去喜欢他；愿意接近我们的人，我们才会去接近他；而对于疏远厌恶我们的人，我们也会疏远或厌恶他。因此在人际交往中，应遵循交互原则。对于交往的对象，我们应首先主动敞开心扉，接纳、肯定、支持、喜欢他们，保持在人际关系的主动地位，这样别人才会接纳、肯定、支持、喜欢我们。

📃 知识拓展

"投其所好"也是一种学问

华特尔先生是纽约市一家大银行的员工，奉命写一篇有关某公司的调查报告。他知道该公司董事长拥有他非常需要的资料。于是，华特尔去见董事长，当他被迎进办公室时，一个年轻的妇人从门边探头出来，告诉董事长，她今天没有什么邮票可给他。

"我在为我那 12 岁的儿子搜集邮票。"董事长对华特尔解释。

华特尔说明他的来意，开始提出问题。董事长的回答含糊，模棱两可。很显然，这次见面没有取得实际效果。华特尔先生突然想起了董事长感兴趣的邮票，他同时想起，他们银行的外事部从来自世界各地的信件上取下来的那些邮票。

第二天早上，华特尔再去找董事长，他说："我有一些邮票要送给您的儿子，不知道他是否喜欢。"

"噢，当然。"董事长满脸带着笑意，语气客气得很。

"我的乔治将会喜欢这些。"他不停地说，一面抚弄着那些邮票。"瞧这张，它真是漂亮极了！"

他们花了一个小时谈论邮票，然后又花了一个多小时，华特尔获得了他所想知道的全部资料，华特尔甚至都没提议那么做。董事长把他所知道的全都告诉了华特尔，甚至传唤他的下属，补充一些事实和数字材料。

在生活中常常就可以看到这样的事情，即使是一个平常沉默寡言的人，一旦谈到他感兴趣的话题就会滔滔不绝。为了增强你的谈话能力，扩大你的兴趣范围，平常可以多关注一些信息，多参加一些活动，让大家谈话的时候你都可以参与进去。长期坚持下去，你就能看到满意的结果，你就会看到你和陌生人聊天的时候总是能找到聊天的话题，大家都很愿意和你说话。

拓展阅读

一、案例简介

张某某，男，22 岁，江西理工大学的一名学生，性格高傲，目中无人，总以自己为中心，只要有利的事总想到自己。张某某癖好很多，早上总是起得早，洗洗刷刷，声音甚大，打扰室友的休息，爱美心比人强，每天早上都要烧水洗头，水烧开了好久都不知道，严重浪费电，弄得每两个星期都要交一次电费，然后用电吹风机吹头发，中午也要烧水，晚上更不用说了，中午总在室友午休的时候洗衣服，严重影响室友的休息。

刘某某，男，21 岁，对此事一直在忍，久而久之，刘某某终于忍无可忍，有一天，对张某某的行为表示强烈的谴责，张某某并不知道自己对室友影响的严重性，还一意孤行，我行我素，还就此事与室友不和，多次和室友吵闹，还大打出手，严重破坏了寝室的和谐，见面都不打招呼。

二、案例分析

1. 寝室人际关系不和谐的根源分析

大学生群体是人际交往非常活跃的群体，其人际交往呈典型同心圆分布，即以自我为中心，以人际交往频率或感情亲疏为半径，随着人际交往圈一圈一圈缩小，日常接触次数依次增加，人际关系也不断增强。因此，作为大学生学习生活和人际交往的重要场所的大学生宿舍，成员之间也就相对固定、相互之间接触也是十分频繁。

该案例中张某某与刘某某，两人本来是朝夕相处的宿舍同伴，出现这样的不和谐事件，有关人士称大学生正处于心理学家所称的"心理断乳期"，在这个阶段，会表现出短暂的不安，情绪性格不稳定，在人际交往中常面临人际危机困境，而人际危机也常常发生在交往最为密切的群体中。

2. 个体差异是产生人际关系不和谐的潜在因素

大学生所感受到的人际关系不和谐，往往是由作息习惯差异、为人处世差异、私有利益受损所引起的，根源在于宿舍成员来自不同地域、不同家庭、有着不同的经历，是具有独特性的个体。他们在生活习惯、个性心理、人生观、价值观、道德观等方面存在着一些差异。其他的事忍了也就算了，可是睡觉这个问题不是忍忍就可以的。为了这个问题，刘某某都烦透了，都觉得自己要得神经衰弱了。诚然，每个大学生都希望能够拥有一个相对独立的空间，比较自由地选择自己的生活方式，但是如果只是考虑到自己的意愿，那么必然导致同一寝室或者相邻寝室之间的日常生活无法同步。过去高校安排学生寝室时，大多会考虑学生地域、城乡等方面的搭配，以期促进他们之间的相互交流，但从现在的实际情况看，学生对学校的这种善意安排并不能很好地加以利用，"强行"搭配往往反而成了许多寝室矛盾冲突的根源。

3. 人际认知的偏差及人际交往技能的缺失是产生人际关系不和谐感的重要原因

从该案例可以看出，大学生迫切需要人际关系解决技巧方面的指导。再进一步分析，大一学生的人际关系不和谐，集中在作息习惯差异；到了大学二年级、三年级，作息习惯差异逐渐引发为为人处世差异的矛盾；临近毕业，大四学生因关注点转移，例如就业等，促使由作息习惯差异而引起的人际关系不和谐关注度有明显回落。我们要根据不同年级的特点，有针对地进行指导，把冲突降低到可接受的水平，增强宿舍同学间的凝聚度。

三、化解寝室人际关系不和谐现象

任何领域发生的不和谐，都有一个产生、发展和消亡的过程。在不和谐生命周期中，呈现出不同的阶段性。大学生寝室人际关系不和谐生命周期大体可分为危机的潜伏期、爆发期、延续期和康复期等阶段。许多学者对于人际危机已经进行了广泛而深入的研究，提出了若干普遍适用的化解模式。如弗雷德·简特提出了6种解决模式：我们觉得错在别人；我们认为应该有人出来收拾局面，并且成功解决问题；我们认为错在自己；我们自己行动；我们认为错在别人，但是我们理解他的难处；我们希望问题解决的办法自动产生。以下提出了解决冲突的5种具体方式：

1. 谦虚谨慎，摆正位置

要做到这一点的关键是正确认识自己的过去，忘记过去的辉煌或阴影，把大学生活作为一个新的起点，平静地看待周围的人和事，保持一种平和而理智的心态，谦虚待人。

2. 平等相待，真诚相处

大学生的性格特点决定了其人际交往的基础只能是人格平等，以诚相待。大学生之间存在差别，但他们在交往中却都刻意追求平等，强者不愿被迎合，弱者不愿被鄙视。因此，在学习生活工作特别是困难面前，互帮互助。"善大，莫过于诚"，热诚的赞许与诚恳的批评，都能使彼此间愿意了解、信任、倾诉、交心。

3. 主动开放

每个人所隐藏的内心世界，正是别人希望发现的奥秘，一般来说只有暴露了自己的内心，才能走进别人的心里。当你对别人作出一个友好的行动，表示支持或接纳他时，他的心理就会产生一种压力，为保持自己的心理平衡，他便会对你报以相应的友好行为。善于与人交谈和一起娱乐，能恰当分配时间与人交往、参加集体活动，往往会取得思想上的沟通、感情上的融洽。

4. 心理互换与相容

生活中常常由于种种原因而导致不能很好地理解别人。但当你站在别人的位置看问题时，就会了解别人的所言所行，获得许多从未有过的理解，便会觉得心理上的距离缩短了。另一方面，每个人都有保留自己意见和按照自己意愿去生活的权利，彼此只能用自己的思想去影响别人，而不可能强制改变别人。如果时时处处尊重和理解别人的选择，不过高要求别人，就可以减少误解，有豁达心胸，从而达到心理相容。

5. 合作协助，友好竞争

生活在相同的环境中，彼此间的合作不可避免。你应该在别人午睡时，尽量放轻动作；自己听音乐时戴上耳塞；有同舍室友亲友来访，热情接待。"勿以善小而不为。"当你设身处地地为别人着想时，彼此合作的契机便已来临。在与他人的竞争中，倡导"公平公开，既竞争又以诚相助，既竞争又合作"。

总之，如果你能努力朝这些方向前进，你就会发现，一切正在悄然改变：朋友之间的不快荡然无存；能够畅言的知音越来越多；亲友间深挚互爱，你便会过得充实愉快，会觉得人际交往是一件自然与轻松的事，从而对学习生活持以乐观的态度，对塑造一段完美的大学生活以及以后的人生充满信心。

情 商 测 试

情商测试一：国际标准情商测试题——测测你的情商是多少？

这是一组欧洲流行的测试题，可口可乐公司、麦当劳公司、诺基亚公司等众多世界500强企业曾经以此为员工 EQ 测试的模板，帮助员工了解自己的 EQ 状况。共 33 题，测试时间为 25 分钟，最高 EQ 为 174 分。

第 1~9 题：请从下面的问题中，选择一个和自己最切合的答案。

1. 我有能力克服各种困难：
   A. 是的　　　　　　　　B. 不一定　　　　　　　C. 不是的

2. 如果我能到一个新的环境，我要把生活安排得：
   A. 和从前相仿　　　　　B. 不一定　　　　　　　C. 和从前不一样

3. 一生中，我觉得自己能达到我所预想的目标：
   A. 是的　　　　　　　　B. 不一定　　　　　　　C. 不是的

4. 不知为什么，有些人总是回避或冷淡我：
   A. 不是的　　　　　　　B. 不一定　　　　　　　C. 是的

5. 在大街上，我常常避开我不愿打招呼的人：
   A. 从未如此　　　　　　B. 偶尔如此　　　　　　C. 有时如此

6. 当我集中精力工作时，假如有人在旁边高谈阔论：
   A. 我仍能专心工作　　　B. 介于 A、C 之间　　　C. 我不能专心且感到愤怒

7. 我不论到什么地方，都能清楚地辨别方向：
   A. 是的　　　　　　　　B. 不一定　　　　　　　C. 不是的

8. 我热爱所学的专业和所从事的工作：
   A. 是的　　　　　　　　B. 不一定　　　　　　　C. 不是的

9. 气候的变化不会影响我的情绪：
   A. 是的　　　　　　　　B. 介于 A. C 之间　　　C. 不是的

第 10~16 题：请如实回答下列问题，将答案填入右边横线处。

10. 我从不因流言蜚语而生气：

A. 是的　　　　　　　B. 介于 A、C 之间　　　　C. 不是的

11. 我善于控制自己的面部表情：

A. 是的　　　　　　　B. 不太确定　　　　　　　C. 不是的

12. 在就寝时，我常常：

A. 极易入睡　　　　　B. 介于 A、C 之间　　　　C. 不易入睡

13. 有人侵扰我时，我：

A. 不露声色　　　　　B. 介于 A、C 之间　　　　C. 大声抗议，以泄己愤

14. 在和人争辩或工作出现失误后，我常常感到震颤、精疲力竭，而不能继续安心工作：

A. 不是的　　　　　　B. 介于 A、C 之间　　　　C. 是的

15. 我常常被一些无谓的小事困扰：

A. 不是的　　　　　　B. 介于 A、C 之间　　　　C. 是的

16. 我宁愿住在僻静的郊区，也不愿住在嘈杂的市区：

A. 不是的　　　　　　B. 不太确定　　　　　　　C. 是的

第 17~25 题：在下列问题中，每一题请选择一个和自己最切合的答案。

17. 我被朋友、同事起过绰号挖苦过：

A. 从来没有　　　　　B. 偶尔有过　　　　　　　C. 这是常有的事

18. 有一种食物我吃后呕吐：

A. 没有　　　　　　　B. 记不清　　　　　　　　C. 有

19. 除去看见的世界外，我的心中没有另外的世界：

A. 没有　　　　　　　B. 记不清　　　　　　　　C. 有

20. 我会想到若干年后有什么使自己极为不安的事：

A. 从来没有想过　　　B. 偶尔想到过　　　　　　C. 经常想到

21. 我常常觉得自己的家庭对自己不好，但是我又确切地知道他们的确对我好：

A. 否　　　　　　　　B. 说不清楚　　　　　　　C. 是

22. 每天我一回家就立刻把门关上：

A. 否　　　　　　　　B. 不清楚　　　　　　　　C. 是

23. 我坐在小房间里把门关上，但仍觉得心里不安：

A. 否　　　　　　　　B. 偶尔是　　　　　　　　C. 是

24. 当一件事需要我作决定时，我常觉得很难：

A. 否　　　　　　　　B. 偶尔是　　　　　　　　C. 是

25. 我常用抛硬币、翻纸、抽签之类的游戏来预测吉凶：

A. 否　　　　　　　　B. 偶尔是　　　　　　　　C. 是

第 26~29 题：下面各题，请按实际情况如实回答，仅需回答"是"或"否"即可，在你选择的答案下打"√"。

26. 为了工作我早出晚归，早晨起床我常常感到疲惫不堪：是_____　否_____

27. 在某种心境下，我会因为困惑陷入空想，将工作搁置下来：是＿＿＿＿ 否＿＿＿＿

28. 我的神经脆弱，稍有刺激就会使我战栗：是＿＿＿＿ 否＿＿＿＿

29. 睡梦中，我常常被噩梦惊醒：是＿＿＿＿ 否＿＿＿＿

第30~33题：本组测试共4题，每题有5种答案，请选择与自己最切合的答案，在你选择的答案下打"√"。

答案标准如下：1. 从不 2. 几乎不 3. 一半时间 4. 大多数时间 5. 总是

30. 工作中，我愿意挑战艰巨的任务。　　　　　　　　　1　2　3　4　5

31. 我常发现别人好的意愿。　　　　　　　　　　　　　1　2　3　4　5

32. 我能听取不同的意见，包括对自己的批评。　　　　　1　2　3　4　5

33. 我时常勉励自己，对未来充满希望。　　　　　　　　1　2　3　4　5

参考答案及计分评估：计分时请按照计分标准，先算出各部分得分，最后将几部分得分相加，得到的分值即为你的最终得分。

第1~9，每回答一个A得6分，回答一个B得3分，回答一个C得0分。计＿＿＿＿分。

第10~16题，每回答一个A得5分，回答一个B得2分，回答一个C得0分。计＿＿＿分。

第17~25题，每回答一个A得5分，回答一个B得2分，回答一个C得0分。计＿＿＿分。

第26~29题，每回答一个"是"得0分，回答一个"否"得5分。计＿＿＿＿分。

第30~33题，从左至右分数分别为1分、2分、3分、4分、5分。计＿＿＿分。

总计为＿＿＿＿分。

专家点评：近年来，EQ逐渐受到了重视，世界500强企业还将EQ测试作为员工招聘、培训、任命的重要参考标准。看看我们身边，有些人绝顶聪明，IQ很高，却一事无成，甚至有人可以说是某方面的能手，却仍被拒于企业大门之外；相反，许多IQ平庸者，却反而常有令人羡慕的良机，杰出的表现。为什么呢？最大的原因在于EQ的不同！一个人若没有情绪智商，不懂得提高情绪自制力、自我驱使力，也没有同情心和热忱的毅力，就可能是个"EQ低能儿"。通过以上测试，你就能对自己的EQ有所了解。但切记这不是一个求职询问表，用不着有意识地尽量展示你的优点和掩饰你的缺点。如果您真心想对自己有一个判断，那你就不应施加任何粉饰。否则，你应重测一次。

测试后如果你的得分在90分以下，说明你的EQ较低，你常常不能控制自己，极易被自己的情绪所影响。很多时候，你容易被激怒、动火、发脾气，这是非常危险的信号——你的事业可能会毁于你的急躁。对于此，最好的解决办法是能够给不好的东西一个好的解释，保持头脑冷静，使自己心情开朗。正如富兰克林所说："任何人生气都是有理由的，但很少有令人信服的理由。"

如果你的得分在90~129分，说明您的EQ一般，对于一件事，你不同时候的表现可能不一，这与你的意识有关，你比前者更具有EQ意识，但这种意识不是常常都有，因此需要你多加注意、时时提醒。

如果你的得分在130~149分，说明你的EQ较高，你是一个快乐的人，不易恐惧和担忧，对于工作你热情投入、敢于负责，你为人更是正义正直、同情关怀，这是你的优点，应该努力保持。

如果你的 EQ 在 150 分以上，那你就是个 EQ 高手，你的情绪智商不但是你事业的助手，更是你事业有成的一个重要前提条件。

问题讨论：

1. 你对最后的得分怎么看待？觉得它符合你的情商现状吗？

2. 大家觉得应该怎么样提高情商水平？有没有可行的办法或方案？

3. 如果让你为自己做一份情商改进计划，你会如何做？

📖 阅读材料

当代大学生情商状况调查报告

张 勖

（资料来源：大学生研究，2010-9）

情商，即情绪智商也称为情绪智力，是与智商相对的一个心理学概念。它指的是评价人的情绪智力发展水平高低的一项指标，是相对于智商而言提出的与一个人成才和事业成功有关的一种全新的概念。1990 年首先由美国耶鲁大学心理学家彼得·萨洛维和新罕布什大学心理学家约翰·梅耶提出"情绪智力"这一术语，来描述对情绪的认知、评估和表达能力，思维过程的情绪促进能力，理解与分析情绪、获得情绪知识的能力以及对情绪进行成熟调节的能力。1995 年纽约时报专栏作家丹尼尔·戈尔曼在总结了大量有关理论和实验结果的基础上，出版了《情绪智力》一书。书中首次提出了通过综合评价人的乐观程度、理解力、控制力、适应能力等因素来测定人的智慧水平的新标准，相对形式命名的术语———"情商"，并很快被大家所接受。本研究旨在对在校大学生的情商现状进行调查，尝试对影响情商的因素进行探讨，以期为提高大学生情商水平、增强学生综合素质、提升就业等社会竞争力提供依据和参考。

一、调查对象、方法及过程

1. 量表修订

本研究选用由波亚齐斯和格尔曼编制的情绪能力调查表，随机选取了 330 名学生进行初测后加以统计分析。修订后的量表包含 5 个维度即自我意识、自我管理、自我激励、社会意识、社会关系管理共 70 个子项目。信度、效度检验均达到了测量学要求。

2. 研究对象和方法

在中南林业科技大学 15 个学院 28 个专业的大一、大二、大三的学生中进行随机抽样，共发出调查问卷 1200 份，回收 1100 份，剔除无效问卷 120 多份，有效问卷 980 份，有效率 89%。

本研究中使用的问卷中包含 3 部分内容：被测对象的一般情况、情商认知基本情况、情商测量表。问卷采用了李克特量表的 5 点记分法：1~5 的数字分别代表被试者对于所列项目与被调查者实际情况的相符合程度。1 表示与自己实际情况完全不符合，2 表示比较不符合，3 表示一般符合，4 表示比较符合，5 表示完全符合。本研究采用 SPSS12.0 进行数据处理与分析。

二、统计结果与数据

1. 样本一般情况（表1）

表1　　　　　　　　　　　大学生情商调查样本构成表

		样本人数	百分比			样本人数	百分比
性别	男	424	43.3	加入部门或协会	加入过	740	75.5
	女	556	56.7		没有加入	240	24.5
年级	08级	645	65.8	是否学生干部	不是干部	485	49.5
	07级	190	19.4		班级干部	270	27.5
	06级	145	14.8		院级干部	108	11.0
文理工科	文科	223	22.8		校级干部	49	5.0
	理工科	757	77.2		两类及以上	68	6.9
有无兼职工作经历	有过	276	28.2	成绩在班级排名	后20%	130	13.3
	没有	704	71.8		中下水平	146	14.9
有无社会实践经历	有过	484	49.4		中等	324	33.1
	没有	496	50.6		中上水平	228	23.3
					前20%	152	15.5

2. 情商认知情况统计结果（表2）

表2　　　　　　　　　　大学生情商认知情况统计表

		样本人数	百分比			样本人数	百分比
情商了解程度	非常了解	49	5.0	求职中专业成绩重要程度	不重要	27	2.8
	比较了解	278	28.4		一般	250	25.5
	一般了解	466	47.6		比较重要	498	50.8
	不了解	181	18.5		非常重要	192	19.6
	没听说过	6	0.6		其他	13	1.3
求职中认为情商重要程度	不重要	32	3.3	求职中工作经验重要程度	不重要	17	1.7
	一般	125	12.8		一般	137	13.9
	比较重要	388	39.6		比较重要	433	44.2
	非常重要	429	43.8		非常重要	385	39.3
	其他	6	0.6		其他	8	0.8
情商内容正确性	全答对	110	11.2				
	不全答对	870	88.8				

3. 大学生情商得分统计数据（图 1、图 2、表 3）

图 1 为 200 分评判标准。总体分数评价：200 分为情商天才；100 分为平均水平；75 分需要看心理医生；50 分表示情商低下；25 分为古怪的人；0 分为最不受欢迎的人。图 2 为 ECI 问卷评判标准及结果。表 3 为 980 名大学生情绪智力的平均得分和标准差。

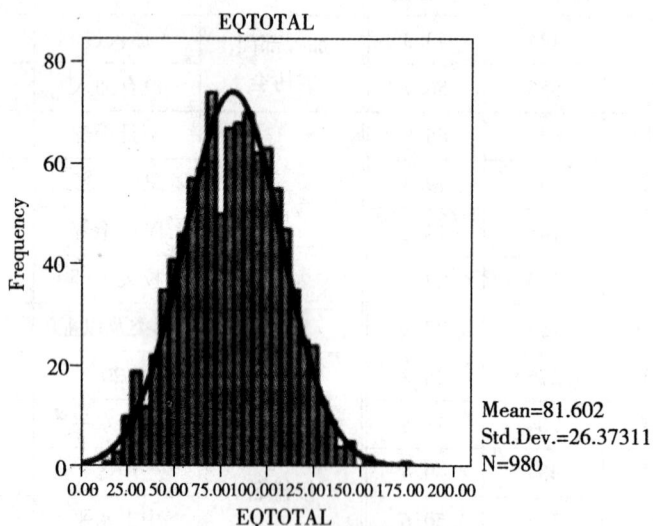

图 1　200 分情商评分评判频数

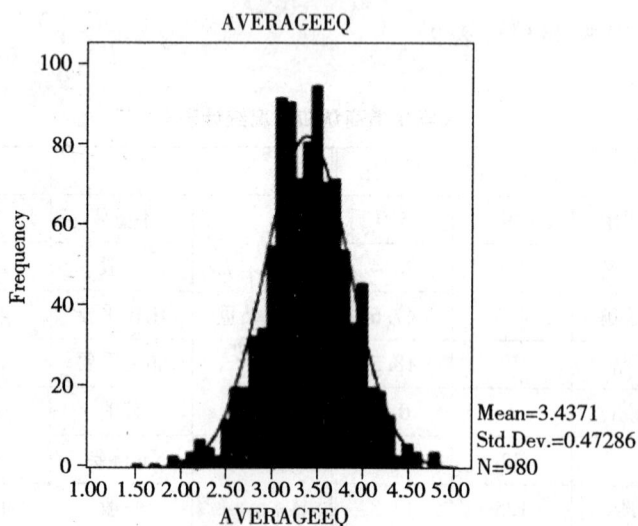

图 2　ECI 问卷评判频数

表3 样本大学生总体情商水平的平均得分和标准差

内容	均值	Std	分量表	均值	Std
自我意识	3.3336	0.5927	自我意识	3.6422	0.87583
			准确自我评价	3.2412	0.65413
			自信	3.1173	0.77744
自我管理	3.7466	0.6928	自我控制	3.3531	0.66252
			值得信赖	3.5901	0.82172
			责任心	3.2811	0.01082
			适应能力	3.4255	0.86050
			成就动机	3.3783	0.73729
			主动性	3.2469	0.65009
自我激励	3.3792	0.5298	自我激励	3.3792	0.5298
社会意识	3.56	0.6185	移情	3.5906	0.63355
			组织意识	3.5051	0.79321
			服务取向	3.5900	0.913
社会关系管理	3.4046	0.5471	发展他人	3.5852	0.77968
			领导力	3.2814	0.68805
			影响能力	3.4616	0.72546
			沟通能力	3.3793	0.74349
			变革能力	3.3872	0.75702
			解决冲突能力	3.3412	0.71469
			拓展关系能力	3.3587	0.83414
			团队协作能力	3.4423	0.80853
情商总体得分	3.4371	0.47286			

从表中的数据可知：大学生的情绪智力平均得分为3.4371，总体上属于中等偏上的水平。在5个纬度中，自我意识、自我管理、自我激励、社会意识、社会关系技巧的得分分别是：3.3336、3.7466、3.3792、3.56、3.4046，这说明大学生在这五个纬度的情商水平相对来说有一定差别，自我管理能力(SM)>社会意识(SA)>社会关系技巧(SS)>自我激励(SM)>自我意识(SAE)。可以看出，大部分的能力分数在3.5附近，但在被测的21个情绪分能力上有一些差异，其中最高分是自我意识，最低分是自信，这可能与大学新生占大多数有关，大一新生的自我意识较强，而缺乏自信；另外，在责任心、主动性、自我评价和沟通能力方面得分较低。

4. 各因素对大学生情商水平的影响

在总的平均数上，文科和理工科分别为 3.443 和 3.442，差异不显著。在社会管理纬度上，男女之间有统计学差异，男生在社会关系管理上的平均数为 3.448，女生为 3.3716，表明男生较女生有较好的社会关系管理技巧。学生干部与非学生干部的情商总体均值分别为 3.501、3.372，差异显著，说明担任干部的学生情商均值水平要高于从未当过干部的学生。在学习成绩方面，排名在后 20% 的均值最低为 3.2934，排名在中上水平的均值最高为 3.5109，这表明成绩对情商有一定的影响。参加协会与没有参加协会的同学情商总体均值分别为 3.473 和 3.328，说明参加协会的同学情商比没有参加的同学情商要高。是否参加协会除自我激励外和社会意识外，情商总体均值和其他能力均存在显著差异，说明兼职对大学生情商有较大的影响。不同年级单因素方差分析表明，大一新生和大二、大三学生在情商均值上有显著性差异，大二和大三则没有显著性差异。

三、分析与讨论

从数据分析来看大学生情商水平的基本情况及一些影响因素之间存在一定的相关：

1. 大学生的情商水平中等偏上但发展不均衡

从大学生情商水平的统计结果及分布频度图来看，大学生在情绪智力上的平均分为 3.4371，同时在情商的各情绪分能力上的平均分大都超过了中点分，说明样本的情商水平属于中等偏上。

2. 学生干部任职情况对情商水平有正向影响

情商水平与干部、干部级别、参加部门或协会情况以及成绩排名相关系数分别是：0.136、0.177、0.126、0.122，且显著性水平达到 0.01 的水平，说明干部任职与否与情商的高低具有中等的相关程度。特别是学生干部和非学生干部在情商的 4 个纬度的个别能力上都体现出了不同显著水平的差异，其中社会意识中沟通能力和领导能力突出，其次如主动性、影响力、发展他人等都略高于非学生干部。另外，对于不同层次的学生干部，在情商水平上也存在差异。事实上这也不难解释，在大学中担任学生干部，会得到更多的锻炼机会，他们在组织活动过程中会更多地与人沟通、表达自己和团队合作、控制自己和领导他人，这些更多应用的是与专业技能联系并不大的情绪智力。他们通常具有较强的主动性、领导能力和影响力，懂得察言观色并在适当的时候做适当的事、说适当的话，在众多的公司招聘中，大都提到"学生干部优先"，在某种程度上证明了这一点。

3. 文理科对情商水平没有显著影响

从抽样样本的数据上看，虽然有均值差异，但是都没有通过显著水平的检验，说明文科生在自我意识方面与理科生并无太大差异。从学校的样本均值来看，样本中文科生在自我管理上稍弱于理科生但并不显著，在社会意识和社交关系管理能力上要高于理科生。这些关系跟文理科大学生的特点是基本一致的，因为文科大学生受到较多的人文教育，所以他们对情感的体验较理科大学生更多、更丰富，也更细致；而且文科大学生因为其学科特点所接触的更多的是人，他们比较关注社会，更容易去感知并进行关系的管理。而理科大学生所接触的更多的是物，因而其思维方式也在这种学科学习的过程中受到了影响。较之理工科学生，文科生更具灵活性和领导意识。

情商测试二：SCL-90 症状自评量表

《症状自评量表 SCL-90》是世界上最著名的心理健康测试量表之一，是当前使用最为广泛的精神障碍和心理疾病门诊检查量表，将协助您从十个方面来了解自己的心理健康程度。本测验适用对象为 16 岁以上的用户。

SCL 量表包含 90 个问题，测量范围广泛，从感觉、情绪、思维、意识、行为直到生活习惯、人际关系、饮食睡眠等。90 个问题都需回答，不能有空项。

注意：下列症状你认为自己没有的打 0 分，很轻的打 1 分，中等的打 2 分，偏重的打 3 分，严重的打 4 分。完全凭自己的第一感觉打分，不需要做过多的思考。

另外，作为自评量表，这里的"轻、中、重"的具体涵义由自评者自己去体会，不做硬性规定。评定的时间，是"现在"或者是"最近一个星期"的实际感觉。

项　　目	无	很轻	中等	偏重	严重
1. 头痛					
2. 神经过敏，心中不踏实					
3. 头脑中有不必要的想法或字句盘旋					
4. 头晕或晕倒					
5. 对异性的兴趣减退					
6. 对旁人责备求全					
7. 感到别人能控制您的思想					
8. 责怪别人制造麻烦					
9. 忘性大					
10. 担心自己的衣饰整齐及仪态的端正					
11. 容易烦恼和激动					
12. 胸痛					
13. 害怕空旷的场所或街道					
14. 感到自己的精力下降，活动减慢					
15. 想结束自己的生命					
16. 听到旁人听不到的声音					
17. 发抖					
18. 感到大多数人都不可信任					
19. 胃口不好					
20. 容易哭泣					

项　　目	无	很轻	中等	偏重	严重
21. 同异性相处时感到害羞不自在					
22. 感到受骗,中了圈套或有人想抓住您					
23. 无缘无故地突然感到害怕					
24. 自己不能控制地大发脾气					
25. 怕单独出门					
26. 经常责怪自己					
27. 腰痛					
28. 感到难以完成任务					
29. 感到孤独					
30. 感到苦闷					
31. 过分担忧					
32. 对事物不感兴趣					
33. 感到害怕					
34. 您的感情容易受到伤害					
35. 旁人能知道您的私下想法					
36. 感到别人不理解您、不同情您					
37. 感到人们对您不友好,不喜欢您					
38. 做事必须做得很慢以保证做得正确					
39. 心跳得很厉害					
40. 恶心或胃部不舒服					
41. 感到比不上他人					
42. 肌肉酸痛					
43. 感到有人在监视您、谈论您					
44. 难以入睡					
45. 做事必须反复检查					
46. 难以做出决定					
47. 怕乘电车、公共汽车、地铁或火车					
48. 呼吸有困难					
49. 一阵阵发冷或发热					
50. 因为感到害怕而避开某些东西、场合或活动					
51. 脑子变空了					

项　　目	无	很轻	中等	偏重	严重
52. 身体发麻或刺痛					
53. 喉咙有哽塞感					
54. 感到前途没有希望					
55. 不能集中注意力					
56. 感到身体的某一部分软弱无力					
57. 感到紧张或容易紧张					
58. 感到手或脚发重					
59. 想到死亡的事					
60. 吃得太多					
61. 当别人看着您或谈论您时感到不自在					
62. 有一些不属于您自己的想法					
63. 有想打人或伤害他人的冲动					
64. 醒得太早					
65. 必须反复洗手、点数					
66. 睡得不稳不深					
67. 有想摔坏或破坏东西的想法					
68. 有一些别人没有的想法					
69. 感到对别人神经过敏					
70. 在商店或电影院等人多的地方感到不自在					
71. 感到任何事情都很困难					
72. 一阵阵恐惧或惊恐					
73. 感到公共场合吃东西很不舒服					
74. 经常与人争论					
75. 单独一人时神经很紧张					
76. 别人对您的成绩没有做出恰当的评价					
77. 即使和别人在一起也感到孤单					
78. 感到坐立不安心神不定					
79. 感到自己没有什么价值					
80. 感到熟悉的东西变成陌生或不像是真的					
81. 大叫或摔东西					
82. 害怕会在公共场合晕倒					

项 目	无	很轻	中等	偏重	严重
83. 感到别人想占您的便宜					
84. 为一些有关性的想法而很苦恼					
85. 您认为应该因为自己的过错而受到惩罚					
86. 感到要很快把事情做完					
87. 感到自己的身体有严重问题					
88. 从未感到和其他人很亲近					
89. 感到自己有罪					
90. 感到自己的脑子有毛病					

SCL-90 量表广泛应用于我国心理咨询中，可以用于自评，也可用于他评。90 个问题可概括为 9 个因子，因子所含项目为：

(1)躯体化：包括 1、4、12、27、40、42、48、49、52、53、56、58 共 12 项。该因子主要反映身体的不适感，包括心血管、胃肠道、呼吸等系统的不适及头痛、背痛、肌肉痛及焦虑的其他躯体表现。

(2)强迫症状：包括 3、9、10、28、38、45、46、5l、55、65 共 10 项。主要指那种明知没有必要，但又无法摆脱的无意义的思想、冲动、行为等表现。还有一些比较一般的感知障碍(如：脑子变空了、记忆力不行了等)也在这一因子中反映。

(3)人际关系敏感：包括 6、21、34、36、37、41、61、69、73 共 9 项。主要指不自在感、自卑感等。尤其是在与其他人相比较时更突出。自卑感、懊丧感以及在人事关系方面明显相处不好的人，往往是这一因子的高分对象，与人际交流有关的自我敏感及反向期望也是产生这一方面症状的原因。

(4)抑郁：包括 5、14、15、20、22、26、29、30、31、32、54、71、79 共 13 项。抑郁苦闷的感情和心境是代表性症状。还以对生活的兴趣减退、缺乏活动愿望、丧失活动力等为特征，并包括失望、悲观以及与抑郁相联系的其他感知及躯体方面的问题。该因子有几个项目包括了死亡、自杀等概念。

(5)焦虑：包括 2、17、23、33、39、57、72、78、80、86 共 10 个项目。它包括一些与临床上明显与焦虑相联系的症状及体验，一般指那些无法静息、神经过敏、紧张及由此产生的躯体征象(如震颤)。

(6)敌对：包括 11、24、63、67、74、81 共 6 项。从思维、情感及行为三个方面反映受试者的敌对表现。其项目包括从厌烦、争论、摔物，直至斗争和不可抑制的冲动爆发等各个方面。

(7)恐怖：包括 13、25、47、50、70、75、82 共 7 项。反映传统的恐怖状态或恐惧症的内容。恐怖的对象包括出门旅行、空旷场地、人群或公共场合和交通工具。此外，还有反映社交恐怖的项目。

(8)偏执：包括8、18、43、68、76、83共6项。主要是指思维方面，如投射性思维、敌对、猜疑、关系观念、妄想、被动体验和夸大等。

(9)精神病：包括7、16、35、62、77、80、85、87共8项。反映精神分裂症状的项目。有四个项目代表了一级症状：幻听、思维播散、被控制感、思维被插入。

(10)其他项目：包括19、44、59、60、64、66、89共7项。反映睡眠、饮食、死亡观念、自杀倾向等项目。

该测验的计分及检验可有两种方法，一种是看各因子分的值，另一种是看各因子总分。当然，通常在临床或真实病例中，要结合两种数据进行分析。

各因子的因子分的计算方法是：各因子所有项目的分数之和除以因子项目数。例如，强迫症状因子各项目的分数之和假设为30，共有10个项目，所以因子分为3。因子分≥2的：2~2.9为轻度，3~3.8为中度，3.9及以上为重度。即当个体在某一因子分大于2时，即超出正常均分，则个体在该方面就很有可能有心理健康方面的问题，需加以关注。

SCL-90包括9个因子，每一个因子反映出个体某方面的症状情况，通过各因子总分可了解症状分布特点，具体标准可参考下面介绍。

(1)躯体化

该分量表的得分在0~48分。得分在24分以上，表明个体在身体上有较明显的不适感，并常伴有头痛、肌肉酸痛等症状。得分在12分以下，躯体症状表现不明显。总的说来，得分越高，躯体的不适感越强；得分越低，症状体验越不明显。

(2)强迫症状

该分量表的得分在0~40分。得分在20分以上，强迫症状较明显。得分在10分以下，强迫症状不明显。总的说来，得分越高，表明个体越无法摆脱一些无意义的行为、思想和冲动，并可能表现出一些认知障碍的行为征兆。得分越低，表明个体在此种症状上表现越不明显，没有出现强迫行为。

(3)人际关系敏感

该分量表的得分在0~36分。得分在18分以上，表明个体人际关系较为敏感，人际交往中自卑感较强，并伴有行为症状(如坐立不安，退缩等)。得分在9分以下，表明个体在人际关系上较为正常。总的说来，得分越高，个体在人际交往中表现的问题就越多，自卑，自我中心越突出，并且已表现出消极的期待。得分越低，个体在人际关系上越能应付自如，人际交流自信、胸有成竹，并抱有积极的期待。

(4)抑郁

该分量表的得分在0~52分。得分在26分以上，表明个体的抑郁程度较强，生活缺乏足够的兴趣，缺乏运动活力，极端情况下，可能会有想死的思想和自杀的观念。得分在13分以下，表明个体抑郁程度较弱，生活态度乐观积极，充满活力，心境愉快。总的说来，得分越高，抑郁程度越明显，得分越低，抑郁程度越不明显。

(5)焦虑

该分量表的得分在0~40分。得分在20分以上，表明个体较易焦虑，易表现出烦躁、不安和神经过敏，极端时可能导致惊恐发作。得分在10分以下，表明个体不易焦虑，易表现出安定的状态。总的说来，得分越高，焦虑表现越明显。得分越低，越不会导致焦虑。

(6)敌对

该分量表的得分在 0~24 分。得分在 12 分以上，表明个体易表现出敌对的思想、情感和行为。得分在 6 分以下表明个体容易表现出友好的思想、情感和行为。总的说来，得分越高，个体越容易敌对，好争论，脾气难以控制。得分越低，个体的脾气越温和，待人友好，不喜欢争论、无破坏行为。

(7)恐怖

该分量表的得分在 0~28 分。得分在 14 分以上，表明个体恐怖症状较为明显，常表现出社交、广场和人群恐惧，得分在 7 分以下，表明个体的恐怖症状不明显。总的说来，得分越高，个体越容易对一些场所和物体产生恐惧，并伴有明显的躯体症状。得分越低，个体越不易产生恐怖心理，越能正常地交往和活动。

(8)偏执

该分量表的得分在 0~24 分。得分在 12 分以上，表明个体的偏执症状明显，较易猜疑和敌对，得分在 6 分以下，表明个体的偏执症状不明显。总的说来，得分越高，个体越易偏执，表现出投射性的思维和妄想，得分越低，个体思维越不易走极端。

(9)精神病性

该分量表的得分在 0~40 分。得分在 20 分以上，表明个体的精神病性症状较为明显，得分在 10 分以下，表明个体的精神病性症状不明显。总的说来，得分越高，越多地表现出精神病性症状和行为。得分越低，就越少表现出这些症状和行为。

(10)其他项目(睡眠、饮食等)

作为附加项目或其他，作为第 10 个因子来处理，以便使各因子分之和等于总分。

📮 知识拓展

做一个心理健康的检测员

哪些心理现象和行为表现是健康的或是不健康的？作为当代大学生，是必须了解和认识清楚的。结合当代大学生的实际情况，大学生心理健康的标准应该包括以下几个方面：

1. 正常的认识能力

一般来说，大学生的智力(观察力、注意力、记忆力、想象力、思维力等)是正常的，其智力的总体水平高于其他同龄人，关键是看大学生的智力是否能有效地正常发挥，如敏锐的观察力、较强的记忆力、良好的思考力和既稳定又能随任务而转移且善于分配的注意力等是否充分地发挥。认识能力首先表现在学习和解决问题的过程中，所以，认识能力正常与否可通过观察其学习方法和学习效果来检测。但是，不能认为学习不好的人其认识能力就不正常，因为认识能力同经验和基础知识等也有一定的关系。

2. 健康的情绪

情绪健康的主要标志是心情愉快、情绪稳定、反应适度。情绪异常往往是心理疾病的先兆。大学生应能经常保持愉快、开朗的心情，善于从生活中寻求乐趣，对生活充满希望，态度积极向上；情绪稳定，具有调节控制自己的情绪以保持与周围环境动态平衡的能力；如果经常笼罩在消极情绪中，忧愁、焦虑、苦闷、恐惧、悲伤而不能自拔，闷闷不乐，则是心理不健康的表现。

3. 优良的意志品质

意志是人意识能动性的集中表现，是人的重要精神支柱。意志健全是指大学生应有坚强的意志品质：目的明确合理，自觉性高；善于分析情况，能果断地作出决定；坚韧，有毅力，心理承受能力强；自制力好，既有实现目标的坚定性，又有克制干扰的愿望、动机、情绪和行为，不放纵任性。一个心理健康的大学生，应有明确、正确的学习和生活目标，并有达到目标的坚定信念和自觉行动，不受有害刺激诱惑，遵纪守法，勇于克服坏习惯，戒除不良嗜好，认准目标便能坚持到底。

4. 和谐的人际关系

和谐的人际关系是大学生心理健康的一个重要标志，也是获得心理健康的重要途径和维护心理健康的重要条件。大学生和谐的人际关系体现在：乐意与同学和老师交往，既有稳定而广泛的人际关系，又有自己的知心朋友。在交往中能保持独立完整的人格，不卑不亢，有自知之明。能客观评价他人和自己，善于取人之长补己之短，也能宽以待人，乐于助人，与他人友好相处。

5. 健全的人格

健全的人格可视为大学生心理健康的核心因素。所谓健全的人格，是指心理和行为和谐统一的人格。大学生的健全人格包括：人格结构的各要素无明显的缺陷与偏差；具有正确的自我意识，不产生自我同一性混乱；以积极进取的人生观作为人格的核心，并以此为中心把自己的需要、目标和行动统一起来；有相对完整统一的心理特征，个人的所想、所说、所做都是协调一致的，即胸怀坦荡、言行一致、表里如一。如果一个大学生无端怀疑别的同学在讥笑他，无论别人怎样解释，他总是固执己见，就是人格上的一种偏执，是心理不健康的表现。

6. 正确的自我评价

正确的自我评价是大学生心理健康的重要条件，大学生在进行自我观察、自我认定、自我判断和自我评价时，能做到自知，恰如其分地认识自己，摆正自己的位置，既不以自己在某些方面高于别人而自傲，也不以某些方面（例如身高、相貌等）低于别人而自卑。面对挫折与困境，能够悦纳自己，即自己喜欢自己，自己接受自己，自尊、自强、自制、自爱适度，正视现实，积极进取。

7. 较强的社会适应能力

较强的适应能力是大学生心理健康的主要特征。大学生应能顺应大学的学习、生活和人际关系，迅速完成从中学到大学的转变；对所在学校自然环境能较好适应；能和社会保持良好的接触，正确认识社会，了解社会，其心理行为能顺应社会文化的进步趋势，如果发现自己的需要和愿望与社会需要发生矛盾和冲突时，能迅速进行自我调节和修正，以谋求和社会的协调一致，而不是逃避现实，更不是与社会需要背道而驰。

8. 心理行为符合大学生的年龄特征

心理健康与否，总要直接或间接地表现在行为上。在人的生命发展的不同年龄阶段，都有相应的心理行为表现，从而形成不同年龄阶段独特的心理行为模式。大学生应具有与年龄和角色相适应的心理行为特征，即大学生的举止言行应符合其年龄特征，合理的行为是心理健康的体现。

　　大学生的心理健康状态并非是固定不变的，而是不断变化的，也就是说心理健康的标准是动态的，而不是静态的。心理健康与否只能反映某一段时间内的特定状态，因此，判断一个人的心理健康状况，不能简单地根据一时一事下结论，而要视其具体情况全面地评价。

参考文献

[1] [美]丹尼尔．戈尔曼 著，杨春晓 译.情商：为什么情商比智商更重要[M].中信出版社，2010.

[2] 丁枫.聪明人的9堂情商课[M].中国纺织出版社，2011.

[3] 徐宪江.哈佛情商课全集：超值珍藏版[M].中国城市出版社，2011.

[4] 祁凯.哈佛最神奇的情商课(经典励志珍藏版)[M].中国纺织出版社，2011.

[5] 石若坤.每天一堂情商课[M].北京工业大学出版社，2011.

[6] 田晴.情商决定命运[M].中国纺织出版社，2006.

[7] [美]玛希雅．休斯(Marcia Hughes)，L.博尼塔．帕特森(L. Bonita Patterson)，詹姆斯．布拉德福特．特勒尔(James Bradford Terrell)著，赵雪、赵嘉星 译，情商培养与训练：46种活动提高你的情商[M]，电子工业出版社，2010.

[8] 成杰.我最想上的情商课[M].中国华侨出版社，2012.

[9] 梁革兵.一本书读懂情商[M].中国商业出版社，2013.

[10] 张一弛.哈佛最受欢迎的人生哲学课[M].中国商业出版社，2013.

[11] 弓健.情商决定命运[M].上海科学普及出版社，2012.

[12] [美]罗纳德．阿德勒，拉塞尔．普罗克特.沟通的艺术[M].世界图书出版公司，2010.

[13] 张文光.人际关系与沟通[M].机械工业出版社，2009.

[14] 戴尔．卡耐基 著，尹航 译.人性的弱点[M].吉林出版集团有限责任公司，2009.

[15] [美]罗伯特．阿尔伯蒂，马歇尔．埃蒙斯 著，张毅，谭靖 译.应该这样表达你自己：自信和平等的沟通技巧[M].京华出版社，2009.

[16] 曾仕强，刘君政.人际关系与沟通[M].清华大学出版社，2004.

图书在版编目(CIP)数据

情商实训教程/熊小芬,张建明主编.—武汉:武汉大学出版社,2014.7
(2018.1 重印)
经济与管理类应用型精品课程系列教材
 ISBN 978-7-307-13623-6

Ⅰ.情…　Ⅱ.①熊…　②张…　Ⅲ.情商—能力培养—高等学校—教材
Ⅳ.B842.6

中国版本图书馆 CIP 数据核字(2014)第 132462 号

责任编辑:赵恕容　　　责任校对:汪欣怡　　　版式设计:马　佳

出版发行:**武汉大学出版社**　　(430072　武昌　珞珈山)
(电子邮件:cbs22@whu.edu.cn　网址:www.wdp.com.cn)
印刷:荆州市鸿盛印务有限公司
开本:787×1092　1/16　印张:10.75　字数:249 千字　插页:1
版次:2014 年 7 月第 1 版　　2018 年 1 月第 2 次印刷
ISBN 978-7-307-13623-6　　定价:20.00 元